前 瞻 性 · 理 论 性 · 实 践 性 · 服 务 性 · 可 读 性

城市治理

Urban Governance

2019 · 04

南京大学出版社

图书在版编目（ＣＩＰ）数据

城市治理：城市照明规划与设计 / 於强海主编 . --
南京：南京大学出版社 . 2020.4
ISBN 978-7-305-23098-1

Ⅰ.①城… Ⅱ.①於… Ⅲ.①城市公用设施－照明设
计 Ⅳ.① TU113.6
中国版本图书馆 CIP 数据核字 (2020) 第 051270 号

出版发行　南京大学出版社
社　　址　南京市汉口路 22 号　邮　编　210093
出 版 人　金鑫荣

书　　名　城市治理——城市照明规划与设计
主　　编　於强海
责任编辑　黄隽翀
助理编辑　单厚真
编辑热线　025-83685720

印　　刷　南京海兴印务有限公司
开　　本　880×1230　1/16　印张 5　字数 185 千
版　　次　2020 年 4 月第 1 版　2020 年 4 月第 1 次印刷
ISBN 978-7-305-23098-1
定　　价　35.00 元

网　　址：http://www.njupco.com
新浪微博：http://weibo.com/njupco
官方微信号：njupress
销售咨询热线：（025）83594756

5G+智慧灯杆 助力南京高质量发展

文／本刊编辑部

5G 技术是时下最热门的信息技术。南京市城市管理局以推进城市管理的"智能化、现代化、标准化、多元化"为目标，深入贯彻落实党的十九届四中全会精神，在"推进国家治理体系和治理能力现代化"这一战略的指导下，围绕建设"创新名城、美丽古都"，通过融合大数据、物联网、云计算、人工智能等新兴技术，以"智慧路灯"为抓手，基本形成了"提供智慧城市基础设施建设创造性的解决方案"，初步形成了服务南京全面推进"5G 网络部署和新型智慧城市建设"的"新型公共基础设施"在城市维度上的构架。

新型智慧城市建设，是运用信息和通信技术手段感测、分析、整合城市运行核心系统的各项关键信息，从而对包括民生、环保、公共安全、城市服务、工商业活动在内的各种需求做出智能响应。本质是信息化与城市化的高度融合，实现城市智慧式管理和运行，进而为城市中的人创造更美好的生活，促进城市的和谐、可持续成长。

目前，服务于新型智慧城市建设的通讯技术端、云技术端以及产品设备应用端均已进入较为成熟的状态，国内智慧城市试点推广中面临的主要难点在于，联通技术与应用两头的新型公共基础设施承载力不足。

基于城市道路路灯杆件的综合属性与上述新型公共基础设施的诉求天然吻合，通过对传统路灯杆件赋能为智慧灯杆，在新建路灯设施时采用合并杆件，同步建设地下管网，以及对既有路灯杆件进行智慧化改造，是当前各个城市开展新型智慧城市建设的首选方案。

智慧灯杆随着城市建设同步规划、同步建设、同步运行，是最佳的选择，但是受限于城市建设改造计划，无法实现短时间内的全城覆盖应用；而现有路灯杆件及管网敷设，因缺乏完善的基础设施系统支撑，难以完全满足应用加载需求，无法完全提供稳定的供电保障和可靠的通讯路由。因此，当下各大城市的改造措施，也是通过拆旧建新的方式，成本十分巨大，以深圳为例，如果对 24 万杆路灯杆进行改造，初步测算就需要超过 500 亿人民币的投入。

南京市城市管理局路灯管理处，通过"智慧路灯"为抓手，形成了城市照明信息化综合运营平台和单灯监控与调度平台，自主研发了单灯控制专利技术以及 DTA、e 魔方等智能设备，较大程度的解决了信息数据入口及供电保障问题，通过对现有路灯设施进行单灯改造的方式，不必推倒重建，便可以用较低成本和较快速度，完成灯杆的智慧化改造。

围绕《智慧江苏建设三年行动计划（2018-2020）》提出的"超前布局信息基础设施、深入推进智慧城市建设"和《"十三五"智慧南京发展规划》提出的"提升产业发展水平，加快把南京建设成为国家新型智慧城市示范城市"的要求。我们期待，南京市城管局形成的解决方案和"新型公共基础设施"城市维度上的构架，可以助力南京在智慧城市建设中，用更加轻盈的方式，迅速形成智慧化产业规模，获得更多先发优势，实现更多的应用落地。

目录 城市治理

CONTENTS

城市治理
Urban Governance

2019 · 04

城市治理
Urban Governance

本书承全国政策科学研究会指导

编委会主任： 金安凡　　许卫宁
编委会执行主任： 唐磊
编委会副主任：

司徒幸福	李鸾鸣	朱家祥	任雪梅
芦明	陈乃栋	陈雷	迟少彬
易宏杰	赵桂飞	俞伟宁	顾大松
钱锋	奚晖	靳楠	

编委会委员：

马晓飞	尹照生	王鸽	王军
王宗武	包庆辉	刘国强	刘斌
吴刚	杨超	张冬林	金旭
郑霞	周小雨	徐锴	浦健
黄元祥	程云	程时军	曹海彬
曾晓天	臧锋	魏平	

名誉顾问： 武树帜　　应松年

主　编： 於强海
副主编： 丁怡　　郑霞　　董北京
执行主编： 范国宇

责任编辑： 黄隽翀
助理编辑： 单厚真
责任校对： 吴英超
美术编辑： 俞朋
特邀摄影： 董惠宁　　吴咏进
封面摄影： 吴咏进
（以上排名按姓氏笔画为序）

主办单位：
南京市城市治理委员会办公室
南京市城市管理局
（南京市城市管理行政执法局）

承办单位：
南京市城市管理局宣传教育处
南京市城市宣传教育中心

文／**黄李奔**

基于照明本业的智慧路灯的建设与运营

为推动新一代信息通信技术与新型智慧城市建设深度融合，全国各地政府相继出台信息基础设施建设方案，均重点明确一杆多用、智慧灯杆和 5G 微基站等内容。2019 年 6 月 6 日，5G 商用牌照发放，5G 元年正式到来。5G 的加速建设提高了对路灯的需求和关注，推动了智慧路灯的建设。

现阶段，"智慧路灯"已成为行业热词，形成新的风口，全社会全行业的大量专业技术企业纷纷投入智慧路灯的建设中，均希望在通讯技术、云技术、应用技术上能够形成突破；同时，大量的资本也瞄准这块市场，希望构建基于路灯的城市感知网络体系。但路灯升格为智慧路灯，变成了城市信息化部件，到底该如何建设实施、如何落地运营、如何形成长效机制，仍是需要全行业研讨的问题。

一、现状发展，行业困惑

1. 设施繁杂，管理运维压力剧增

当前照明行业发展总体进入景气周期，表现在多个城市并杆示范给长期以来相对单一、封闭的路灯行业带来战略发展机遇，工程量成倍增长；同时，带来了设施量井喷、设施庞杂、种类繁多等问题，精细化要求不断提升，高品质养护、高水平保障、高效能运营对管理部门或运维部门的承载能力形成了显著压力。

随着城市化进程的发展，路灯资源的稀缺日益突出，路灯成为智慧城市的优质载体，社会价值、经济价值不断被挖掘；而另一方面，物料成本特别是人工成本的不断提高，对行业运营效能提出了严峻挑战，而在路灯运维这一带有劳动密集型显著特征的细分产业上反映尤为突出。

2. 智慧应用并未爆发增长

风口已来，从业者都期待项目爆发性地增长来改变社会。但在智慧城市进入风口期的这几年里，整个行业却迟迟没有迎来想象中的海量应用、项目井喷。分析原因有如下四点。

其一，尽管在一些高瞻远瞩的城市规划的指引下，越来越多的新建项目中智慧设施建设与传统市政建设有望真正实现"三同时"，但是新城聚合智慧城市的应用场景，需要时间积累人气，才能形成商业可能。

其二，"建成区"的智慧灯杆改造，受制于智慧设施运行的硬件环境的搭建，这样的尝试大多限于一街一路，难以形成规模效应；若大规模地对"建成区"设施推倒重来则需要巨大投入，目前国内似乎也只有上海的"百公里杆线下地"项目在进行尝试。

其三，供需失衡。智慧领域与传统行业的目标导向、作业方式、营销习惯等区别明显，产业链各参与方的诉求存在巨大差异，技术和应用场景难以较好适配。

其四，缺乏健康科学、有机团结的生态模式。当前智慧城市领域"产品过剩、技术过剩、资本过剩"，但是落地模式僵化，程序缺环，角色缺位，难以落地。

二、细分角色，找准定位

智慧城市作为一个集大成的产业，其形成是多个行业的跨界、融合的过程。经过长期探索，包括南京在内的许多同行已经逐步形成了清晰的共识，即：一个基于"云、网、端（边）"全新生态的构建，是智慧城市建设的必备条件、必经之路、必然选择。提升行政对话效率、降低交易成本、减少重复投资和建设，进而催动技术创新、管理创新、商业创新，必须要对"云、网、端"生态圈中的角色定位、功能赋予和相互关系进行梳理。

1. 三种角色的分析。

云的角色——核心的数据扎口，具有极强的云存储、云处理能力，进行大数据的分析处理，支撑数据的应用服务，辅助决策判断。

网的角色——是安装的载体、通讯的入口、数据的通道，呈现属地化、规模化、网络化、稳定性特点，是产业链中投入资产最重、投资回报周期最长、运维要求最高的一环。

端的角色——提供如照明、安防、停车、环卫落地应用，提供数据消费、

极好的消费体验和用户感受。边缘计算更多是服务端的应用，所以我们在这里并入"端"的属性中。

2. 两类企业的定位。

专业企业——专注智慧产品与服务，根据市场需求，研发"云""端"的新技术、新产品，既是直接生产者，也是直接受益者，更加贴近市场需求，能够根据应用场景的不同，呈现产品多元化、个性化、定制化。

平台企业——以低廉的投资成本、协调成本、时间成本，达成智慧城市基础网络建设，保障"三网（电网、通讯网、杆管件网）贯通"及"三网运行"，为专业功能应用提供展示面，为商业价值创造政策条件。需要极致的稳定性和属地服务能力。

3. 开放包容，融合共享。

承担"网"角色的平台企业与承担"云"和"端"的专业企业有着密不可分的关系，专业企业创造智慧产业的直接价值；而平台企业立足运营，不断发掘更灵活、更广泛的应用可能，并撬动高收益、可持续的价值变现。如果说专业企业是舰载机，那么平台企业就是航母。没有舰载机的航母，灵活性和战略覆盖面将被极度压缩；没有航母的舰载机，则缺少了可续航的持续战斗优势。智慧城市各企业之间实现了这样的协作、融合和共享，就能最大限度地减少交易成本和博弈成本，共同创造智慧城市的未来。

4. 回归照明，可能会是解决矛盾和痛点的关键路径。

综上分析、思索照明：困于落地，并不在"云""端"，而在于"网"；难以推进，不在于专业企业，而在于平台企业。

据此，国内很多城市都在寻找或塑造可以承载"网"角色的平台企业，比如：南京路灯，作为属地传统照明运维管养单位，成立全资子公司向平台企业转型；浙江金华尝试由属地城建集团、铁塔、路灯所合资成立平台运营企业；华体科技也与属地化交投企业合资经营，力求从传统照明产品企业转型为地推企业等。

殊途同归，它们都是从城市照明设施入手，实现"三网贯通"，通过革新技术手段，保障"三网运行"，从而有效解决矛盾痛点，落地推进"云网端"高效协同。

三、不忘初心，扎实本业

基于以上的分析，承载"网"角色的平台企业要结合城市特点来选定，但照明作为智慧路灯中量级最大的应用，这样的平台企业大都可以由原属地照明设施运维管养企业转型实现。从原有的照明设施建管养格局出发，更容易保证"可靠的杆体结构，安全的接电路由，丰富的传输网络，高效的运维团队"等要素的实现，也更容易解决"长周期、重资产、难对话、多诉求"等诸多矛盾。因此，南京路灯不忘初心，回归照明，扎实基础，做牢本业，服务智慧城市建设。

1. 扎根本业，以照明的信息化发展为智慧城市基于路灯的应用加载、可靠

运行提供基础保障。

南京路灯早于 2013 年就提出了信息路灯、智慧路灯、价值路灯"三步走"的发展思路。第一阶段为"信息路灯"，通过制度重塑、设施普查、单灯监控，以全流程业务体系、全过程设施管理从线下至线上的全面切换为核心目标，建立以数据为主线的信息化管理平台。第二阶段为"智慧路灯"，以物联网思维、大数据分析指导管理为核心，建立贯穿全产业链的、设施全生命周期的、深度感知和回馈的、以问题为导向的动态智能管控体系，以低成本、高效能、高品质创造产业发展新的源动能。第三阶段为"价值路灯"，以建管体系的信息化、智能化为依托，以综合杆件产业新格局为契机，从专注于城市照明建设管养本业，向承载更多社会价值的智慧城市领域进行延续升级。

一方面，按照三步走的步骤，通过城市照明信息化综合运营平台和单灯监控与调度系统这两个现代化工具平台的开发，摸清了家底，让照明设施数据化，为城市照明设施运维体系信息化管控提供技术条件及实现可能。另一方面，通过单灯监控与调度体系建设，调度上利用智能筛查软件体系，准确有效地将工单派发至一线班组；效能上形成按亮灯率派单、合理路线的派单，从传统"巡修模式"向"以点带面/半修半巡"，直至"全定修模式"的动线分布，大大节约了管理运维成本。通过信息化手段，稳固设施水平，提高管理效能，释放运维人员，可以为智慧城市项目提供良好的运营体系保障。

基于以上工作，设施的信息化基础工作已然完成，同时有高效的运维体系支撑，路灯满足迅速智慧化的条件，可

以承载智慧城市设备加载应用落地。

2. 新增设施，一次规划，统筹多方，集约建设，预留丰富。

2016 年，南京启动了综合杆件建设，发布了《南京市城市道路杆件设置技术导则》和《南京市城市道路杆件设置管理办法》，从政策上对综合杆件进行规范和明确，新建片区采用智慧、市政基础建设"三同时"的顶层设计，在源头上实现了三网贯通。

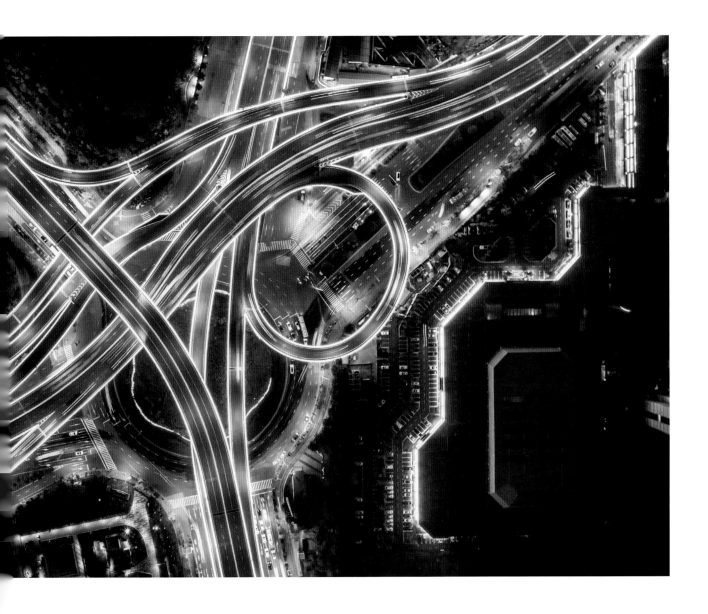

　　在实施过程中，由南京路灯作为杆件专业大总包，采用建、管、养一体化的模式，推进项目的集成和开展。例如江北新区某综合杆件项目，涵盖了公安、交管、雪亮工程、网络5G、智能公交、充电桩、亮化工程、环保检测、新区控制平台等17项功能，涉及12家产权单位，在一个横断面上的管道设计多达64根。

　　三年来，南京综合杆件建设的道路共有50条，总地理长度约100公里，新建改造杆件数量约7000杆，综合杆件数量约2000杆。这些杆件的结构预留、电力预留、网络预留都可以满足政府下一步智慧城市的应用加载要求。

　　3.存量设施，立足本业，"轻量化"改造实现"智慧化"升级。

　　在约1.7平方公里的奥南青奥示范区试点项目中，我们基于照明本业需求，优化了巡修模式，利用单灯管理，实现了片区路灯的24小时供电；结合维护预留管道，对传输网络进行了布设和完善，在现有灯杆上加载了视频监控、4G/5G基站、LORA网关、智慧井盖、水位超限检测、智慧垃圾桶、WIFI探针、信息发布屏、降尘系统，工地空气和扬尘检测系统等十多项功能。

　　整个项目投资约200万（其中三网贯通的改造费用约50万），实施周期约40天，以低投入、高响应、短时间、零协调的"封闭"运作,完成了智慧城市相关应用的加载落地。

青奥示范区的试点成功,印证了存量照明设施通过技术手段升级、运维模式调整、功能合理加载,就能够高效构建三网贯通平台,快速响应智慧化落地需求。

四、构建生态,良性运营

通过我们在南京的尝试可以发现,承担"网"角色的平台企业在智慧路灯的落地运营上非常关键,专业且高品质的工程建设、运维管养,建立与政府的对话平台;综合杆件、综合线路的集约投资与稳定的运行保障,形成与政府的合作平台;以"最轻量的投资""最快捷的建设进度""最低廉的全生命周期运维成本",成为单专业软硬件企业产品最优的输入通道;成为政府一站式服务需求最优的获得通道。在这样的基础上,统筹"云"和"端"的专业企业,构建生态环境,实现良性运营。

1. 综合杆件统筹智慧路灯建设

户外设施的智慧化,是整个智慧城市应用场景的主要部分。目前,综合杆件建设在政府层面,已形成政策指引,多杆合一的建设模式已在各地达成共识;在操作层面,现有模式下综合杆体系运维稳定,在提升城市景观、节约投资等方面起到了切实作用。合并杆的推进使得原本单一的路灯工程无论是工程难度还是工程造价都成倍增加。合理的工程建设项目是保障智慧路灯行业发展的最基本要求。

2. 单项应用带来合理营收模式

智慧化的加载应用是智慧灯杆的主要目的,现阶段整个智慧路灯没有完

整的运营模式,但基于灯杆上的"小而美"的单专业则容易短期内形成规模优势,并且有相应的商业模式支撑。例如4G、5G基站的部署、车联网传感设施的加载等,通过政策手段,由"网"的平台企业进行集成,予以利益的分成,可以分摊这个行业的生态运营成本。

3. 边际效益实现低成本的智慧城市运营

通过城市照明边际效益有效控制智慧设施运维成本控制。按照城市照明设施建设运营经验来看,户外设施的建设成本在全生命周期内的占比仅为10%左右。智慧设施多按照各专业各领域自行维护,那么人工、机械投入必然是重复的、低效的。基于照明本业的维护模式调整,通过技术与管理的结合,有充足富余的运维力量来承载智慧设施的运行保障,既满足智慧城市各类设施运营的保障要求,也实现生态链中的基础运维收益。

4. 数据的深度挖掘及价值创造

对于智慧路灯,我们的理解是从城市家居升格为城市信息化部件。展望未来,智慧路灯将成为城市室外公共空间的数据汇聚点,每一个智慧灯杆都是一个覆盖范围内的数据入口,承载了网络构建、数据集成、前端处理的多项应用。因此,随着人工智能技术的发展,对于智慧路灯上的数据可以进行进一步的清洗、梳理、发掘,并形成深入的行业应用,创造价值,助力生态体系高效持续运行。

综上,在智慧城市的大潮中,共享开放、包容互通是各专业的必然选择。只有多方融合,才能实现智慧城市轻量化的初期投资、持续扩展的商业价值、合作共赢的盈利模式、低成本的全周期运营。我们站在智慧城市体系中看智慧照明,更应立足本业,以技术创新带动模式创新,提供可靠稳定、共享开发的智慧照明体系支撑,服务智慧城市建设。

(作者系江苏未来城市公共空间开发运营有限公司研创中心主任)

信息时代城市照明管理
创新探索与实践

文 / **王鹏展**

城市照明是提升城市夜景形象，拉动城市夜经济、服务市民夜间出行的主要载体。近年来，南京路灯连续 3 年建设规模均超过 10 亿元，设施总量增长 200%。至 2018 年年底，设施总数突破百万盏（功能照明 28 万盏，景观照明超过 70 万盏）。与此同时，设施数量的剧增，新的光源、控制方式的加速应用，社会及政府对于精细化管理的要求不断提升，就高品质养护、高水平保障、高效能运营三方面对行业管理提出了更高的要求，给城市管理者带来了巨大压力。在信息时代背景和行业发展大格局下，我们有条件、有必要乘势而上，在"引领新时代""承载新技术""研发新产品""驾驭新模式"这四个方面，敢于自我革新、有所作为。当前设施运维创新方向，可初步归纳为实现三个发面的转变，即"从劳动密集型，向技术密集型转变""从重投入，向重效能方向的转型""从全输入，向高附加值输出转变"。

1 现代城市照明运维工具开发

南京路灯通过两个现代化工具平台的规划，为城市照明设施运维体系信息化管控和模式创新提供了技术条件及实现可能。

一方面，以定制开发的城市照明信息化综合运营平台为工具，建立全过程"人的行为"数据收集与回馈路径，分析人工资源投入的合理性。

另一方面，以城市照明单灯监控与调度体系为工具，动态感知"物的状态"，精确分析"亮灯率"的达标性，又以"人的行为""物的状态"两者的交互融合为路线，成为"收集、评估、调控"设施运维工作效能的综合创新工具。

1.1 城市照明信息化综合运营平台

（1）第一阶段"信息路灯"（2014-2016），以制度重塑、设施普查、单灯监控为途径，以全流程业务体系、全过程设施管理从线下至线上的全面切换为核心目标，建立以数据为主线的信息化管理平台。

（2）第二阶段"智慧路灯"（2016-2018），以物联网思维、大数据分析指导管理为核心，建立以问题为导向、覆盖全产业链及设施全生命周期的，深度感知与回馈的动态智能管控体系，以低成本、高效能、高品质创造产业发展新的源动能。

（3）第三阶段"价值路灯"（2019-2020），以建管体系的信息化、智能化为依托，以综合杆件产业新格局为契机，提升多专业整合能力，从专注于城市照明建设管养本业领域，向承载更多社会价值的智慧城市领域转型进阶。

2016年南京路灯一期信息平台正式上线，2018年二期平台投运，截至目前南京路灯已经完成第一阶段"信息路灯"、第二阶段"智慧路灯"的主要开发与运行工作，共建成6大系统、386个功能模块、76个定制流程，涉及11个部门、172个工作岗位。从建设目标的实现情况来看，六大系统发挥了"人的行为数据、设施状态数据"的采集、加工和应用功能：

① 运维业务管理系统，提供了人的行为数据；

② 设施资产管理系统，提供了设施基础数据；

③ 设施状态监控系统，提供了设施运行数据；

④ GIS地理信息系统，提供了设施位置数据；

⑤ 采购供应链系统，提供了材料消耗数据；

⑥ 财务业务一体化系统，提供了成本分析数据。

1.2 单灯监控与调度体系

单灯监控技术以其精确到每盏路灯动态感知的先天优势，为城市照明行业设施运维效能提升带来了新的机遇。南京路灯自2012年起，即对单灯控制技术进行试点，截至目前共安装单灯终端系统2万套，达到一个维护所（南京路灯奥南维护所）全覆盖的规模。实践表明，单灯监控体系对城市照明产生了如下重要影响。

（1）调度：通过智能筛查软件体系，滤除单灯终端误报，形成准确有效的工单并派发至一线班组，班组照单修灯，建立"故障"与"运维资源"供给侧的迅速合理配对。

（2）效能：从见单即派单，向分片派单、按亮灯率派单、合理路线的派单管理等逐步演进，以准确的单灯工单为依托，从传统"巡修模式"向"以点带面/半修半巡"演变，直至"全定修模式"的动线分布，并以一个包干区、直至一个维护所多个包干区分级，进行合理的模式创新，逐步消除巡灯投入，提升设施品质。截至目前，共有33900件设施纳入全定修模式，单灯工单派发与反馈2062条。计划近3年内根据试点情况，建立城市量级的单灯覆盖。

（3）节能：结合LED改造预留调光功能，并尝试用反向调光模式延长灯具寿命。

（4）管理：通过信息综合平台、单灯监控平台进行数据交互与分析，如对现场作业行为结果与单灯监测数据相符度进行分析，对作业层开展量化考核、组织调控等。

（5）延伸：与后续景观亮化设施控制、综合并杆设施监控实现兼容。

实践表明，"信息化平台""单灯监控体系"是设施运维效能与品质提升的两个重要抓手，两者的有机融合，将成为城市照明行业新时代全面革新的必备条件。

2 城市照明运维创新路径

2.1 运维管理路径，从"经验主导"向"大数据"转型

基于以上条件，我们可以实现对传统作业体系的量化管理。这样的量化管理，基于基础数据，着眼于业内普遍关注的管理要素，通过建立数据模型进行加工分析，形成效能评估体系，作为把脉城市照明运维情况的体检系统。目前，初步形成了9个基本指标的模型搭建，并且还将进一步丰富和扩展。

其中指标一至指标六为一层指标，主要是对工作量、亮灯率、设施状况、材料成本、作业时间等涉及设施运维效能的基本要素进行收集整理而获得的表层统计数据；指标七至指标九为二层指标，是关联一层指标创设的，能够深度发掘运维效能、指导调控措施安排的计算分析数据。

据此模型，依托"信息化"和"单灯监控"两个现代化管理工作，我们以

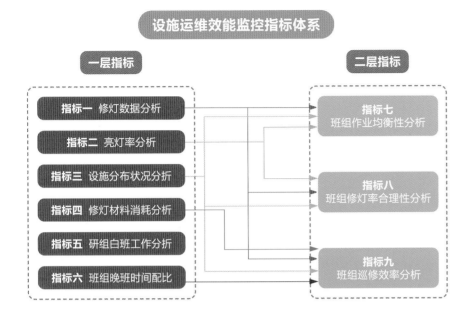

南京城市照明作为样本空间，共包括：约13万件照明设施，4个维护所（工区），17个一线作业班组，67名作业人员，33名管理人员，5个月的数据采集周期，涉及13313条原始数据、6641项提炼数据。分析表明，现代城市照明运维效能、运维品质的提升，具有"亮灯率"管理创新、"设施完好率"管理创新、组织机构创新、包干区创新等多个科学路径，这些将支撑整个城市照明主专业的迭代升级。

2.2 "亮灯率"管理，从"巡修"向"定修"模式革新

（1）"巡修"模式具有高投入低效能的特点。巡查为修灯服务，巡查的时间是不固定的，而修灯的耗时却可以用定额确定，巡的占比越高，越是需要对巡的投入进行控制。数据表明，传统模式下，巡必然远大于修，因此需要通过单灯体系建设实现定修，缩减巡的投入。

（2）"巡修"模式存在信息准确性等问题。巡查线路的合理性、巡查覆盖率的真实性，需要建立班组车辆巡查轨迹系统后才能有效查看；巡查的实际效果，如有无发现已发生的故障等，又需要通过随机安装单灯控制器才能进行客观验证。

（3）"定修"模式具有指向明确、信息及时，高效故障修复等特点。定修模式下的工单来源，既可通过专人巡修，也可通过单灯远程监控来获得。全定修模式对工单准确性、及时性的要求较高，以此对比真实的亮灯率来合理规划修灯路线、修灯时间。若工单来源不能做到准确、及时，则定修模式修灯效能将出现低于巡修模式的风险，进而造成投入的增加。因此，需要通过技术手段降低人为主观因素的影响，即选用单灯监控是提升修灯效能的最优路径之一。

从对南京各维护所的巡灯（平均77%）、修灯（平均23%）投入占比分析来看，巡查及发现故障的投入远高于故障修复本身的投入，因此巡、修投入的占比也决定了作业效率的高低。

（4）"定修"模式结合LED改造，将助推城市照明设施品质迭代升级。经分析，对南京奥南地区巡灯投入低，是LED设施量占比高及单灯半定修模式两者综合作用的结果。提升一线班组巡修效率的主要因素和措施主要有以下两个方面：一是设施的状态的改善；二是故障发现模式的迭代升级（巡修一体、巡修分离）。由此，我们认为，推进LED设施节能改造及单灯控制监控升级是现代化城市照明管控体系下运维效能提升的科学路径。

2.3 "设施完好率"管理，从"分散式"向"项目化"转型

对于"设施完好率"这一指标，则同样打破原有包干区模式，按照项目管理的方式进行革新：

（1）依据设施分布系数，制定分类专项整改计划；

（2）集约配置人机投入，清理一片、释放一片；

（3）按周期开展设施整改，持续保障设施品质。

以此在来有效解决"设施完好率"

巡查不到位、整改力度不够、安全隐患频现等难点问题，并保持相关投入的集约和均衡。

2.4 组织机构体系优化，从"多层级"向"扁平化"升级

依托信息化平台、单灯体系，推进照明设施维护"扁平化"管理。

（1）"亮灯率管理"从模糊管理向精确管理升级。基于定修模式的推广，维护部经单灯监控系统产生修灯需求，再通过信息化平台向一线班组派发工单、结果闭环反馈，逐步合并和转移中间管理层，削减管理成本；同时，基于信息平台，结合亮灯率、季节性等因素进行弹性修灯安排，将使一线作业效能大幅提升。

（2）"设施完好率管理"从被动管理向主动管理升级。维护部基于信息平台设施普查数据、历史数据沉淀，进行风险预判，制定主动整改计划，直接集中调度各班组，以"工程项目"方式开展"地毯式"设施整治，清理一片就稳定一片。

（3）革新维护体系组织架构。新的信息化管控体系将大幅降低人灯配比（人数／设施量），据此，在"两率"达标条件下，应基于扁平化的信息管控体系，降低管理人员配比，逐步改编维护所建制，扩大片区划分，集约管理资源，管理职能主要由维护部履行。基于信息平台、单灯体系的"扁平化结构"，将成为降低行业设施运维体系管理成本的主要方法之一。经济测算方面，以南京为例，若采用以上措施，将一线管理人员比例降低至10%，则可节约综合费用约为600万元／年。

2.5 传统包干区转型，从"封闭式"向"订单式"转型

"订单模式、专项模式"深度变革设施管理模式。

城市精细化管理的推进触发设施管理方式的进化，依托于信息化、单灯控制2项工具，承载"订单模式、专项模式"的新机制得到推广运行。即，打破传统的包干区空间边界设定，以问题为导向，引用"泰勒的科学管理"思想，制定"标准工序""流水作业""定额控制"，建立与设施的直接对话，做到"亮灯率""设施完好率"的有效管控，控制设施运维成本，以最高效能达到"两率"指标的符合性。其主要措施包括以下几点。

（1）建立以"工单式"定修为导向的跨区调度机制。根据平台获得精确的故障设施数量、标准的修灯定额等数据的分析，综合考虑季节、设施状况的因素，进行修灯班组数量的配置，达到工作任务的相对均衡；再依托信息化设施GIS系统，各班组接受维护指令不再受地域限制，实现从"巡修到定修"的转变，或按照"滴滴打车"模式，按工单进行灯具修复、情况反馈，从而建立起供给侧的开放式配对，消除设施维护主观性及效率的差异性，改变管理成本居高不下的传统情况。

（2）建立以"设施状况"为导向的跨区域专项整改。现有条件无法有效跟踪设施完好情况，应通过主动整改，避开人工巡查难度、技术监控条件限制等不利因素。"专项模式"下，同样不采用包干区的维度，而是集中各班组资源，进行分片、分区域的设施整改。

3 城市照明管理创新实践

3.1 模式创新情况

3.1.1 奥南维护所晚班定修模式创新

（1）正式实施"全定修"模式。单灯覆盖地区由单灯体系提供信息，单灯暂未覆盖地区结合人巡，班组全部照单修灯。

（2）晚班统筹集中修复派单。每周一维护部集中发单，奥南所根据工单情况自行安排修灯计划，划分片区、制定路线。2019.5.15-2019.6.15，奥南所共修灯319盏，平均每天修灯量为10-15盏／班组。

（3）组建专职白班班组，按照计划开展作业。负责设施整治、线路故障排查、节能改造、工程建设，2019.5.15-2019.6.15，奥南所白班

奥南所	白班		晚班	
	组织方式	投入班时	组织方式	投入班时
创新前	4个半天，1个整天，6个班组	76	4个半天，4个班组	48
创新后	4个整天，2个班组，1个整天，4个班组	84	3个整天，2个班组	30

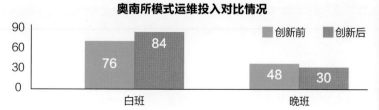
奥南所模式运维投入对比情况

查线 22 次，设施整治 360 杆，工程接线 149 杆。

3.1.2 城北维护所白班晚班专业化分工

（1）晚班巡修分离，缩减班组数量。2019.5.15-2019.6.15，城北所共修灯 631 盏，平均每天修灯量为 10-15 盏/班组。

（2）新建专职白班，保留原有白班。即建立 2 个专职白班，其他 4 个班组仍延续原先"白班＋晚班"的模式，开展设施整治等相关工作。同时，将根据工作量进行白班晚班人员的动态调整。2019.5.15-2019.6.15，城北所白班查线 7 次，设施整治 731 杆，工程接线 135 杆。

3.2 运维指标达标情况

3.2.1 亮灯率情况

各所亮灯率均达 99% 以上，效能提升并未影响亮灯率表现。

3.2.2 工单情况

工单情况在运维模式创新后，仍处于可控范围。

3.3 运维创新阶段性结论

（1）"亮灯率"、"实施完好情况"等均符合标准要求，创新工作具有可行性。

（2）各所巡修分离、白晚班分离等举措落实到位，创新工作具有可操作性。

（3）各所晚班修灯、白班作业，统筹性、计划性显著提升，创新方向符合预期。

（4）各所一线作业情况与运维平台保持了较好的一致性，建立了通畅的信息渠道。

（5）各所在资源配置、工作任务分配方面，较好的结合了工作量、设施状况、设施类型等因素，创新工作具有科学性。

（6）各所在创新过程中存在一定的差异性，为下一步择优路径提供了样本空间。

（作者系南京市路灯管理处维护部信息中心主管，高级工程师）

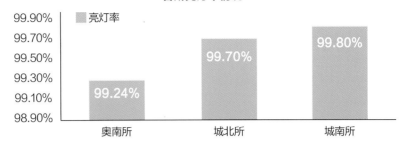

各所亮灯率情况

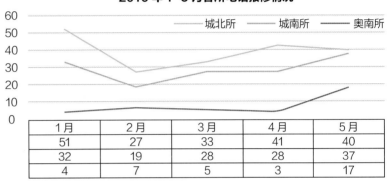

2019 年 1-5 月各所电话报修情况

	1月	2月	3月	4月	5月
	51	27	33	41	40
	32	19	28	28	37
	4	7	5	3	17

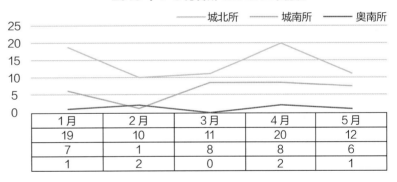

2019 年 1-5 月各所 12345 工单情况

	1月	2月	3月	4月	5月
	19	10	11	20	12
	7	1	8	8	6
	1	2	0	2	1

信息平台、单灯监控为物联网时代城市照明行业迭代升级提供了新手段、新路径，在此条件下，整个照明行业将从对经验的过度依赖，向信息数据导向转型；从单一化的制度管理，向技术手段管理融合；从单专业的问题视角，向均衡统筹的视野升级。城市照明将在信息时代，为城市管理升级推波助澜。

青奥艺术灯会
激活城市灯光文化

文 / 王小兰

随着艺术媒介及语言的不断升级，公共艺术正经历从传统的形体空间、材料等雕塑本体语言向视听语言的转变。公共艺术在城市公共空间中扮演的角色不仅是物化的构筑体，还是事件、展演、计划、节日、偶发或派生城市故事的城市文化精神的催生剂。而在城市夜幕下，灯光艺术装置的位置越来越显赫，它强调光、影与其他媒介的互动，强调临场感觉，通过与音乐、多媒体、装置艺术等多种表现形式的结合，营造独一无二的综合感官体验。灯光的功能不仅仅局限于照明，早已成为都市人文景观的重要组成元素；而灯光艺术、灯光文化对丰富城市景观历史、讲述城市故事有不言而喻的重要作用。

一、灯光艺术对城市首位度的提升

一个城市举办的文化艺术活动通过公共性的运作和传播，已然成为建立"城市品牌"及文化形象的重要途径。在文化和艺术多元化的时代，公共艺术介入社会及激发公共参与的方式也必然是多元的。城市发展对公共艺术的需求之大，从一个侧面突出了"城市即展厅"的概念。特别是在现代都市中，艺术家如何在公共空间进行创作，成为了一个亟待研讨的重要课题。国内外有很多城市都拥有自己的灯光节或者灯光秀，它们是提升城市文化和生活质量的一种重要手段。

灯光节这种短期的、嘉年华式的综合活动越来越受到世界各国的欢迎，它既能吸引大量的观众，又能带动区域的旅游和特色经济的发展。其中著名的有法国里昂国际灯光节、英国的卢米埃尔灯光节、比利时根特灯光节、芬兰赫尔辛基灯光节、荷兰阿姆斯特丹灯光节等，它们都各具亮点及特色，是其城市品牌建设的重要构成元素。以灯光节打造城市品牌的优势体现在于：其一，灯光节具有很强的公共性、艺术性及传播性；其二，灯光节能拉动城市经济，进而带动相关产业的创新转型。

放眼南京，秦淮灯会作为南京市民在春节期间的"传统项目"，可上溯至六朝时期，已逾千年历史。自1986年恢复，至2019年已经走过了33载。灯会期间，南京众多民间艺术形式、文化活动轮番登场，成为年味最浓的"文化嘉年华"。与此同时，相对于民俗气息较为浓郁的秦淮灯会，今年建邺区同步开展首届青奥艺术灯会，以全新现代灯会彰显的新城现代感，必然向整个世界传播南京的年轻气息。

首届青奥艺术灯会以"华彩金陵春·幸福中国年——当好新时代的奔跑者"为主题，由南京市建邺区人民政府、南京河西新城区开发建设管委会主办，以现代灯光艺术的表现形式呼应2019南京·西安双城灯会。首届青奥灯会独创以"一轴一路"为主线，展现城市律动和青春活力。其中一"轴"为主会场区域，包括青奥轴线、双子争辉、城市律动、艺术之光（含纳江山大街绿轴、国际青年文化公园旗阵广场、青奥博物馆广场、南京眼步行桥等区域）；一"路"则为分会场区域，包括江东中路、奥体中心、金鹰世界、万达广场一带。

二、青奥艺术灯会亮点解析

"2019南京青奥艺术灯会"于2019年1月28日开幕，为期一个月，激起了巨大的社会反响。这是一次基于提升南京城市"首位度"的成功尝试，践行了城市照明与公共艺术的完美集合。除主要灯组之外，有别于传统灯会，2019青奥灯会结合南京特色，在为期一个月的时间内，以"科技""艺术""运动"三大主题举办超过50场的各类主题活动：500架无人机带来最炫酷的灯光秀，点燃河西最美夜空；多姿多彩的中外艺人进行的街头音乐表演；更有"国际青年追梦跑""天生勇气平衡车"等多场运动主题活动……让游客在观灯的同时，欣赏到科技感、时尚感、潮流感交织的精湛主题活动，是一场高品质的新年文化主题盛宴。

灯会期间，"24小时美术馆"紧扣2019年灯会主旨，与江苏省城市规划设计研究院联合主办"艺术激活城市空间"论坛，栋梁国际照明中心主持设计师、中国照明协会理事许东亮作为专家进行精彩点评，参与来宾还包括中设集团等规划设计和相关领域的专业人士；期间，开展"儿童彩绘青奥轴线百米长卷"公教活动，收获了良好的社会反响，并被《幼儿美术》杂志刊登报道；兼顾城市建设、公共艺术、公共教育几个维度，建设河西人文艺术高地。

实际上，自24小时美术馆于2018年11月开馆以来，先后引起了人民日报、央视网、上海生活周刊、北京商报、凤凰品城市以及包括重要学术刊物《画刊》在内的一系列重要媒体的重磅报道。"24小时美术馆"构建了基于当代艺术的"五个一工程"形象，即：缔造1个美术馆行业的"24小时模式"（全天候的公益观展体验模式）；树立1座城市核心区域的"艺术品位"（不断提升河西·建邺的国际影响力）；制

定1个艺术行业的"学术标准"（把专业性、原创性与高端性提升到行业标准的高度）；整合1套当代艺术的美学（整合行业资源，发展出独特的生存理念）；培养1批艺术行业的"新生力量"（以自然教育为切入点，加大当代艺术在社会公众尤其是青少年人群中的影响力，并启动和培养艺术发展和创新的孵化力量）。

"超轴线"位于"24小时美术馆"所在的国际青年文化广场。这件动态灯光艺术装置是"24小时美术馆"与旅法建筑师野城为南京首届青奥艺术灯会打造的超尺度公共艺术灯光装置作品，荣获首届"扬子江照明奖"。它在城市历史和城市空间上进行双重构思，深入挖掘青奥轴线的历史意义和时代特征，形成了一条贯穿青奥广场的超长动态灯光艺术装置，成为了阐释河西·建邺"城市客厅"理念的开创性城市公共艺术作品。

"超轴线"成功点亮整个青奥灯会的核心中轴，在青奥主轴线上与扎哈设计的双塔楼构成了垂直轴线，遥相呼应，相得益彰。整个灯光设计充分考虑了青奥文脉和场域在地性，充满活力和现代感，并与青奥历史文脉和城市环境融为一体。整个灯光装置由程序控制动态LED灯光，形成各种绚烂的色彩变幻效果，宛若琴键跳跃式的灯光游戏，并且每半个小时进行酷炫的灯光秀准点报时。两条平行灯带高低错落，明暗相交，层叠错落，犹如一幅发光的科幻山水长卷。这条超长灯光装置由2000根高低起伏的灯杆组成，犹如两条律动的彩带延绵开来，长约333.3米。设计长度选用"3"这个数字来自于"三生万物"的中国传统哲学。以3为单元的无穷数

寓意灯光彩带如时间长河延绵不绝，穿越古今，涌向未来。超轴线更与青奥地标九骏马雕塑进行对话，传统雕塑和现代灯光装置共同建构了一组新作品。这条超长的灯光装置贯穿380米长的草坪，犹如九骏马奔腾拖曳出的彩带，幻化成"光"的时代征程。涌动起伏的灯带富有韵律美感，以一种极具诗意和未来感的方式将"划时代"这样的宏大主题简单而又轻盈地呈现出来。

这是一个城市空间的智慧照明系统，这更是一场科技与艺术融合的城市公共空间艺术亮化的实验。据悉，超轴线将以另一种形式重新出现在2020年青奥灯光艺术节上，作为灯会的长期目标——回收利用计划的一部分，将重新改变布局方式，由设计师重新设计，焕发新的艺术生命。

三、灯光艺术提高城市品质

灯光作为一种语言方式，在塑造空间的视觉形象、激活想象方面意义非凡。光能把观者引入不同维度、不同方式的感知空间，使光与不同的物之间彼此碰撞，唤醒新的力量，创造一个视觉感官的盛宴。无论以技术还是以艺术之名，光都是联系人与自然的媒介和桥梁。在科技高速发展的今天，照明艺术设计永远站在以人为本的出发点上，点亮城市空间，唤起人文情怀，满足服务社会、服务大众的功能需求。我们的灯光设计创作即为了解决现在或未来生活中的技术性、功能性、艺术性和文性的问题，致力于用想象力和创造力去回应一切挑战，让世界变得更加美好和宜人。

具体而论，城市照明将会从宏观角度下沉到微观角度，从城市尺度下沉到

街区，下沉到人的尺度。除了大尺度的建筑景观，城市公共艺术会更加向夜间效果倾斜，譬如灯光艺术装置、灯光雕塑、艺术化的灯具、具有参与性和互动感灯光体验。在不远的未来，以光为媒介的艺术作品还应该与所在地的文化和性质相结合，灯光作为城市最为直接的视觉感官体验，应当肩负起城市美学建构的重任。

青奥灯会让河西·建邺大放异彩，河西·建邺是南京以金融、商务、会展、文化、体育等五大功能为主的新城市中心。几年来，数十个高档居住区，超大型综合体华侨城欢乐滨江、金地中心、正荣财富中心，金茂河西南、佳兆业城市广场、中央商务区相继建成；阿里巴巴江苏总部、小米科技总部落户河西；夹江文化休闲风光带、秦淮河文化休闲带、鱼嘴湿地公园、绿博园、滨江公园、河西生态公园也在这里找到它们的栖居

之地。

"城市客厅"的理念将指导建构多元复合的公共文化空间，强化文化艺术空间、商业空间和城市公共空间的功能复合，逐步把河西·建邺打造成为城市客厅的重要组成部分和具有现代人文艺术气息的综合型城市展厅。城市公共艺术作为现代文明的产物，从诞生至今一直担当着重塑城市品牌、打造城市形象、弘扬城市精神和为民众提供艺术福利的重任，也必将成为城市个性化、差异化的符号和象征。输出文旅产业的商业模型，塑造本土文化特性，在差异化的处理中构建新的城市 IP，将戏剧化的情节融入光的设计，增强故事性和参与性，这些都是摆在我们面前的充满机遇的话题。

我们试图将公共艺术的定位由公共空间的"艺术品"提升到较多元的"公共艺术计划"，推动艺术与自然、城市、

乡村、社区、公众融合的新的可能性，通过广泛的合作、多维的空间延展使之超越艺术作品本体的物质形态，将公共、大众和艺术联成一个新的领域，使之成为集艺术、公共事件、社会话题、市民互动、媒体传播、创造活力和文化节日于一体的媒介和平台，勾勒出"创新名城，美丽古都"的当代神韵，激发出"大美河西，锦绣建邺"的发展活力，描绘出"24小时美术馆"艺术介入公共生活的版图，建设朝气蓬勃、光辉灿烂的新城市中心！

（作者系24小时美术馆馆长、《凤凰品城市》杂志艺术总监、江苏省照明电器协会文创灯光专委会委员、紫金奖·中国（南京）大学生设计展联合展区策展人、2019南京青奥艺术灯会联合策展人、与南京艺术学院同为《城市创新实验室》联合发起人。）

环卫工匠精神培育的制度创新
——由日本国宝级环卫工匠引发的思考

文 / 陶俊 许果

编者按： 日本城市环境卫生向来以洁净、优美著称，成为城市无言的金名片。这与其完善的环卫人才制度和环卫工匠精神弘扬策略密不可分。日本通过环卫工人技能培训、认证和评选国宝级环卫工匠，塑造全社会尊重环卫工人的价值观。分析日本"国宝级环卫工匠"媒体发酵事件，进行环卫工匠培养的制度创新，对于我们更好地弘扬环卫工匠精神，营造更加整洁、优美的城市环境，做好城市卫生管理工作，促进城市生态文明建设，有重要的启示作用和借鉴意义。

一

2012年，中国科学院发布《2012中国新型城市化报告》，报告称"2011年的中国内地城市化率首次突破50%，达到了51.3%"。按照国际标准，城市化率突破50%，标志着一个国家已经进入城市社会。城市成为时代文明，生活品质的象征。意味着城市发展从追求速度，向追求质量转变。中国科学院报告同时指出，我们的城市"城市化偏重城市发展的数量和规模，忽略资源和环境的代价，呈现出粗放式的弊端"。以史为鉴。在世界历史上，英国于1851年成为第一个进入城市社会的国家，但同时出现垃圾围城的环境危机，引发瘟疫，造成重大人员伤亡。1866年，英国通过了《环境卫生法》，第一次把城市环境卫生、环境保洁纳入法制化轨道，作为提高城市环境卫生质量，促进城市持续健康发展的重要必备手段。日本在1958年前后城市化率突破50%，也遭遇英国类似的环境危机，爆发"垃圾战争"。日本借鉴英国等西方国家的经验，系统地构建了自己环境卫生管理体系，城市环境卫生得到极大改观。干净、整洁、优美的城市环境卫生成为城市靓丽的风景，成为对外展示城市形象、体现内部管理水平和城市文明的无言金名片。改革开放后，日本洁净的城市环境卫生给我们留下深刻的印象，成为媒体宣传报道的热点和我们学习的榜样，至今仍然是我国城市环境卫生管理对标的标杆。

日本城市环境卫生光鲜靓丽的背后，离不开一群"环卫匠人"的匠心劳作。2016 年一则"中国保洁大妈成日本国宝级匠人"的新闻报道，经《人民日报》官微等媒体转发后刷屏网络。新闻报道了来自中国沈阳的新津春子，对保洁工作独具匠心，兢兢业业，数十年在保洁技能上精益求精，通过其和同事们的努力，让东京羽田机场连续四年获评"世界上最干净的机场"。她本人也被誉为日本"国宝级匠人"。日本知名媒体 NHK（日本广播协会，日本唯一的公共广播电视台，是世界上规模最大的广播电视系统之一）的

《PROFESSIONAL 工作流派》为她做了专辑、主流新闻节目《NEWS ZERO》对她进行了专访、当红综艺节目《全世界最想上的课》邀她做开课嘉宾……一时间，新津春子不仅成为了日本家喻户晓的明星，多个国家和地区都知道了这位"日本国宝级环卫工匠"。寻常的清洁工人，崇高无比的国宝级匠人，二者联系在一起，给人们造成巨大思想和认知冲击。但剖析这个事件发酵的背后，却是中日环卫行业共同面临的无奈——环工工种社会地位低，面临招工难，用工不规范，留人难等诸多相同难题。

日本属于劳动力薪资待遇较高的经济发达国家，拥有正式劳动合同的环卫保洁工人月薪达 2.5 万元人民币，与写字楼普通白领收入差不多。市场经济体制下，劳动的"贵贱"似乎全部由市场愿意支付的价格决定，高知识、高技术含量，就有高收益，高待遇，受到人们的追捧和尊重。反之，那些市场支付意愿不高，却又必须有人去从事的行业，则不被待见，其劳动价值被人漠视。日本也一样，"但不论会社内外或者说整个日本社会，从事清扫工作还是会被看低，虽然大家不会明白地说出来，但就是有这样一种气氛"。尤其在富余劳动力较多，人力资源成本相对较低的当前中国来说，似乎环工工人、保洁工人都是"没有其他办法"才不得不从事的工作。人类社会是一套复杂的运行系统，不仅仅只有"价格"决定"价值"的经济理性，更有社会、环境效益重于经济效益的社会衡量标准。环境卫生行业则属于环境效益、社会效益大于经济效益的行业，是需要非盈利组织或者政府公共部门给予"荣誉认证"和价值认可的

行业。从城市整体运行来说，环卫清扫工作无比重要，城市持续、健康发展的必要前提。日本广播协会拍摄清扫节目，其目的就是想呼吁社会认知环卫清洁工人的社会价值，鼓励更多的人来从事这一行业。而节目播出后确实起到了较好的效果。"自从新津上了电视之后，来应聘的人增加了很多，另外，以前干不多久就辞职的人也很多，通过电视节目的激励，辞职的人也变得少了。"日本在无法通过市场经济手段有效激励社会重视环卫工作，没有人愿意做环卫工匠的情况下，通过技术资格培训、认证制度的创新、权威媒体宣传报道和政府给予特别荣誉奖励的新做法，塑造其环卫工匠精神及社会的职业价值观。

"三分建设、七分管理"的现代城市发展思路已经是城市管理工作的共识。环境卫生保洁工作是城市的"面子"，也是城市的"里子"，不仅关乎城市对外展示的第一形象，也反映城市文明、生活舒适程度，既是日常小事，也是关键大事。环卫保洁工人是城市职业中"第一大工种"，从业人数众多。但同时，环境卫生清扫、保洁工作给人印象就是扫、擦等简单重复的体力工作，是劳动力密集、低技术含量、知识需求稀少的工种。但我们通过日本国宝级环卫工匠事件来分析就会发现，环卫工作，特别是公众服务建筑室内的保洁工作，是一种高技能、高专业、高知识的工作，而且是非标化的服务业工作，机器替代性程度不高（尽管日本街道，公路已经实行了夜间机械化作业），是时刻需要人别具匠心，发挥独具匠艺，才能提高服务质量、给城市提供高品质的环境卫生质量的工作。

二

中国向来有重视环境卫生，尊重清洁工人的传统。新中国成立后，掏粪工人时传祥的事迹，成为时代典范，树立了新中国劳动不分贵贱、普通环卫清洁工人一样可受到尊重的社会价值观。改革开放后，历年来环卫工人都有相当比例被评为"全国劳动模范"、当选全国人大代表。但相对于"日本国宝级环卫工匠"的走红，我国环卫行业的全国劳动模范、全国人大代表却相对要"默默无闻"得多。党的十九大报告指出，要"弘扬劳模精神和工匠精神，营造劳动光荣的社会风尚和精益求精的敬业风气"。他山之石可以攻玉。"日本国宝级环卫工匠"事件的走红，关键就在"弘扬"上，在宣传上。"NHK 想要以清扫工为主题制作一档节目，但不知道究竟拍什么人好。……于是他们就推荐了新津。NHK 节目组给我们会社打电话联系后，开始对新津进行采访拍摄，花了两个月时间，新津春子便在 NHK 节目中登场了。去年 2 月播出第一集后，获得了很大反响，去年 4 月，NHK 又花了两三周时间，全天候跟着新津，为她拍了第二集，在去年 6 月播出，同样影响巨大……"

根据媒体及相关对日本国宝级环卫工匠新津春子的报道，可以总结出其做好环卫工匠主要经验和匠心。

1. 持之以恒，技艺持续精进。新津春子在采访中讲，她做环保保洁工作，"这一干就是 21 年"。21 年不仅是时间的积累，也是其知识和技能不断积累、升级的过程。她凭借自己努力取得了"日本国家建筑物清洁技能士"等多种资格证书，得到了其他人望尘莫及的评价：

"她的工作已经远远超越了保洁工的范畴，而是在干技术活。"

2. 持续学习，强大知识储备。新津春子不把环卫保洁工作认为是一种体力工作，而是设法学习保洁工作中各种相关知识。她对常用的 80 多种清洁剂的使用方法倒背如流，能够快速分析污渍产生的原因和组成成分，针对性使用清洁剂，高效高质地提高工作效率和效果。持续学习和不断扩大知识储备，是她事半功倍做好保洁工作的重要手段。

3. 总结经验，攻克技术难关。保洁工作中时常会碰到难啃的硬骨头。日本日本广播协会（NHK）专门为她拍的纪录片中，记录了她处理不锈钢饮水台的过程。必须利用强酸洗液祛除饮水台上粘着的漂白粉。但如果强酸停留的时间过长，则可能导致腐蚀，反而使不锈钢失去光泽。她能掌握最佳时间，在溶解漂白粉的同时，迅速冲掉强酸洗液，让饮水台恢复以往锃亮的光泽。

4. 精细操作，细节为王。记录片中，新津春子展示的清洁功夫，不仅仅是把设施表面看得见的地方清扫干净，看不见的部分也是她的清洁范围：除菌、除臭、烘干……越小的细节她越认真对待。环卫保洁工作，是为人的环境舒适、卫生安全服务的工作。工作流程中各种细节均涉及人的感受、人的卫生。而且这种细节多是非标化环节，需要从业者设身处地为他人便利和舒适考虑，需要以敬业爱岗的心态带着感情去完成。新津春子评价自己在羽田机场的保洁工作时说："我只是把这里当成是自己的家，所以要好好招待客人，用尽心思，为了让这里的人感受到理所当然的日常环境，拼尽全力。"

对比新津春子的"四条匠心"，梳

理近几年媒体公开报道的我国环卫行业的"佼佼者",发现他们的匠心、工匠精神与新津春子的基本相同。如河北省沧州市运河区公厕管理站站长李德。被中组部列入"大国工匠"高技能人才专家,36年里完成技术革新达到106项,获得9项国家专利,为国家节约上千万科研经费……这位环卫工人在采访资料中表达了自己成就的诀窍:就是"拼命三郎""干这工作靠的就是良心,工人们的艰苦环境时刻激发着我的斗志"。杭州市上城区清波市容环境卫生管理所班组长、全国劳动模范刘同礼,认为自己经验就是:"只要好好做,什么工作都是好工作"。在平凡的岗位上干了27个年头,做过装卸工、保洁员、收费员,现任南京市六合区环境卫生管理所办公室主任的张玉仙,则表示"拼"是她最真实的写照。我国主管城市环境卫生工作的住房和城乡建设部有全国优秀环卫工人评选和表扬制度,细细研读这些优秀的环卫工匠,就会发现他们都有着类似新津春子的工匠精神,但是他们大多仅仅限于"行业内部"人士知晓,其工匠精神的社会效益远没得到彰显。

三

据相关部门不完全统计数据表明,我国目前从事环卫行业的工人约500万左右(室外),如果加上市内保洁人员,这个数字恐怕会扩大1.2倍。从日本、欧美城市发展规律看,室外环卫作业将被更多的机械作业取代,但是城市公共、商业建筑、市内保洁人员却会呈现上升趋势。这种变化的趋势表明,城市环境卫生保洁是城市运转、维护必不可少的重要常规工作。从城市整个经济社会运行系统来看,城市环境卫生工作也是实现城市可持续发展的必要前提。早在2000年,时任福建省委副书记、省长的习近平总书记就指出:"城市环境面貌的改善是实现经济可持续发展和提高社会文明程度的重要保证,也是城市现代化的重要标志之一……我们要把搞好城市环境卫生作为推动城市经济社会发展,提高文明水平的一项重要工作来抓,努力营造一个整洁优美的城市生态环境,实现城市可持续发展。"随着我们城市化的推进,城市由数量型发展转向质量型发展,城市环境卫生工作将处于越来越重要的地位。相应的城市环卫工匠及其精神需要进一步培育和弘扬。相对于其中获得表彰和荣誉称号的"佼佼者",还有相当一部分的优秀工匠有待"发现",他们的精神有待宣传和弘扬,他们的价值有待社会给予相应的认可。结合环境卫生工作对中国新型城镇化的推进作用,环卫工匠对城市高品质发展,对比目前我们环卫工匠培育

和精神弘扬的现状,我们需要作出以下制度和政策上创新与改进。

1. 加强对优秀环卫工匠的宣传,提高其社会荣誉度,增加其社会影响力,增加社会各界对环卫工价值的认知度。日本国宝级环卫工匠新津春子的走红,首先要归功于日本媒体界系统宣传。NHK作为日本知名、世界上规模最大的广播电视系统之一对其进行了全面报道,而且日本当红的综艺节目、主流新闻节目、知名纪录片节目均对她进行了立体、深度的宣传报道。之后,才有新津春子走红现象。相对而言,我们在环卫工匠宣传上策略上要欠缺得多。还没能形成国家级、省级、市级多层级媒体宣传的力度,以及电视、广播、微信、微博等多媒介、全媒体宣传的频度和厚度。上面提到的李德、刘同礼、沈美兰、颜柏青、张玉仙等人,大多在地方省、市级日报上"露脸"一次,被网站转发一次,就淡出了媒体、社会的视界中。习近平总书记谈及新闻舆论工作时,强调"接地气""要广泛开展先进模范学习宣传活动,营造崇尚英雄、学习英雄、捍卫英雄、关爱英雄的浓厚氛围"。环卫工匠,在"接地气"上具有天然的优势,需要我们宣传部门引导,各级媒体加大宣传力度和厚度,发掘这些优秀的环卫工匠背后不为人知的匠心、匠艺。

2. 完善环工工人用工制度,加大对

拍摄 / 吴咏进

环卫工沉默大多数的关怀，构建稳定的环工人才队伍。目前我国环卫工匠普遍存在年纪偏大、后继乏人的局面。"2012年全国约 40% 环卫工人年龄超逾 55 岁，且欠发达地区员工老龄化现象更加严重。"同日本一样，我们环卫工人用工制度主要有临时、合同制（在编）用工制度。"根据数据，2013 年上海、深圳等代表城市环卫工人工资均接近最低工资标准，且与城镇职工月平均工资相差甚远。从环卫工人内部构成来看，2011 年我国城镇环卫从业人员超 405 万人，其中非在编、临时环卫工人数量超逾 320 万，占比高达 80%，但其收入与福利保障明显逊于在编职工。"相对于在编职工，临时用工制度薪资待遇低，社会保险不完善。一些用人单位故意采用"临时"用工制度来雇佣环卫工人，压低用工成本，损害了环卫工人的权益。工会和劳动人事部门应该加强监管，加大《劳动法》宣传力度，做好环卫工人权益保障的"娘家人"。我们应

该结合经济发展中劳动力成本上升的历史趋势，提前谋划环卫工人人才储备制度。同时借鉴国外做法，完善《劳务派遣制度》等环卫用工主要相关法规的修订，为改善环卫工匠的待遇、稳定人才队伍提供完善的法律制度作为支撑。

3. 推动环卫工人职业化认证，建立环卫工种培训机制，改善环卫工种职业形象。环卫工作环境恶劣，相关待遇没有保障。在环卫行业内，目前这种情况还大量存在，根本原因是环卫行业没有构造自己专门的职业技能培训、认证体系。人们对环卫工种"力气活，没技术含量"的认识误区造成职业发展上的误区。"目前，我国还缺少一部关于保障环卫工人安全、福利待遇、行为规范等方面的法规，来为环卫事业的职业化树立一定的标杆并实现环卫工人的职业化。"日本则已经形成了完善的环卫清扫工技能培训和职业认证制度。"清扫工也是'职人'。从事技能工作的人在日本统称'职人'，例如厨师、美容

师、工匠等，未必社会地位高、但各行都是'金字塔'体制，顶端是名利、是自豪，受社会尊敬，出类拔萃者还可能被日本政府指定为'国宝'，天皇也可能授勋。"新津春子就通过专门学校专业的技能培训，取得了"大厦清洁技能士"等多项职业资格证书。新津春子制服的右侧袖子上方有一个"环境名工"的标志，这是日本政府技能鉴定制度中的最高标志。而且在接受采访和演讲历练过程中，她写出《不烦不累扫一屋》等书籍，以身示范为环卫清扫行业代言。习近平总书记指出要"建设知识型、技能型、创新型劳动者大军，弘扬劳模精神和工匠精神，营造劳动光荣的社会风尚和精益求精的敬业风气"。主管环卫工作的住房和城乡建设部门及国家劳动人事部门、工会应该构建环卫工种职业资格培训、认证制度，提供环卫工种技能、知识培训和认证通道，提高环卫工人技术水平和研究问题、言说书写问题的能力，鼓励他们展示自己行业技能和发明创新，不断提高"匠艺"。

4. 设立全国层面的环卫工人节日制度，营造全社会重视环卫工作的氛围。当前约超过 50% 的省级行政区和 60% 的市级行政区设立了环卫工人节。这体现了各地对环卫工作、环卫工人的重视和对其贡献与价值的认可。习近平总书记对环卫工人的高度评价和重视早已有之。"1990 年 10 月 1 至 2 日，时任福州市委书记的习近平等领导深入各单位，看望坚持节日生产工作的干部职工，并向他们致以节日的问候。来到福州市鼓楼区环卫所，看到身着工作制服，额头还微微冒着热汗的环卫工人，习近平心疼与崇敬之情油然而生。'您们的工作最脏、最累，也是最高尚和最值得尊

敬的。'"近年来，习近平总书记进一步指出："环卫事业是神圣事业、高尚事业，我也是北京市民，我代表北京广大市民向你们表示感谢。希望你们发扬时传祥'宁愿一人脏，换来万家净'精神，让北京更美丽。"这些论述充分体现了国家领导人对环卫工人和环卫工作的高度重视。但是就偌大的环卫行业来说，还缺乏全国统一的属于自己的节日。20年前有关职能部门就提出设立全国环卫工人节的设想，"全国总工会和国家建设部一直在推动设立一个全国性的'环卫工人节'"，但至今环卫工人节仍是各省级层面在操作，不仅节日时间不一致，而且社会效应也不显著。建议有关职能部门加快升格环卫工人节为国家性的节日，营造全社会重视环卫工作、尊重环卫保洁劳动价值的氛围，以此鼓励环卫保洁工作中的匠人。

如今，很多城市在争创全国卫生城市的基础上，推出"最清洁城市"行动计划，打造城市清洁、优美的环境卫生品牌，提高城市的美誉度和竞争力。环境卫生工作上升到城市竞争力，上升到城市发展品质的高度。环境卫生工作也是我国社会主义事业建设中生态文明建设的重要组成部分。这需要我们借鉴国外经验，进行制度创新和改革，构建面向新时代的系统、专业的环卫工匠知识技能培训、认证制度，改进优秀环卫工匠发现和宣传机制，更好地弘扬其工匠精神，发挥其社会效益，带动环卫工匠"精益求精"，提高工作质量，推进我们的城市高质量发展。

（作者：陶俊，杭州市环境卫生科学研究所助理研究员；许果，杭州图书馆中级馆员。）

文／王晓青

基于时间满意度的城市生活垃圾上门收运服务路径优化

一、前言

2016 年 12 月，中央财经工作领导小组会议研究普遍推行垃圾分类制度。2017 年 3 月，国务院办公厅转发《生活垃圾分类制度实施方案》，构建了生活垃圾分类的总体框架。2019 年 6 月，习近平总书记对垃圾分类工作做出重要指示，要加强科学管理，形成长效机制，推动习惯养成。由此，我国垃圾分类已进入发展的快速通道，成为关系人民群众生活环境、关系节约使用资源和社会文明水平的一个重要体现。迄今为止，全国已有 46 个重点城市先行先试，由点到面，成效初显，到 2025 年年底前，全国地级及以上城市将基本建成垃圾分类处理系统。垃圾分类涉及政府、企业、社区、居民等多个利益相关主体，涵盖垃圾分类、投放、收集、运输、处理等诸多环节，是一项复杂的系统工程。由于我国各区域城市发展水平存在差异，垃圾分类的经济社会成本和可持续性成为推行这一制度的难点和障碍。

在城市垃圾中间收运方面，目前我国绝大多数城市居民区主要采用设立固定垃圾箱，由垃圾车定点收集生活垃圾的方式。这种传统收运模式的弊端在于，难以对居民垃圾分类行为形成初始制约，不利于源头减量。在国际上，不少国家的城市采用垃圾上门收运模式，在居住区不设垃圾筒，收运车辆按预定路线和时间到达居民区指定垃圾收集点，居民将分类垃圾投放到收运车辆上，不按要求分类的垃圾则被拒收或多收费，有效提高了垃圾分类率。这一模式需要居民直接参与收运过程，为减少收运车辆到达时间与居民时间安排之间的冲突矛盾，有必要科学安排收运路线。因此，本文从概率分布角度，兼顾居民时间满意度和收运车辆调度成本，构建垃圾上门收运路线问题的数理模型，并通过仿真实验分析垃圾运力情况，为推行城市生活垃圾上门收运模式提供理论支持，同时也为垃圾收运企业的车辆调度决策提供实践指导。

二、基于时间满意度的垃圾收运路线设计机理与模型假设

1. 设计机理

已有研究认为，由于缺乏科学的生活垃圾运输路线的规划设计，造成人力物力财力的大量损失和严重资源浪费，加大了垃圾后续处理的困难，因而城市生活垃圾的有效收运需要科学合理的路线和完善的转运设施。城市生活垃圾定时定点上门收运模式是一种带时间窗的逆向车辆路径问题，有别于普通车辆的调度。基于此，学者们提出了考虑车辆数量和运输时间最小化的垃圾收集算法，或者以车辆固定成本

和行驶费用为目标函数求解最优路径。但实际收运过程中的垃圾量具有不确定性，并且垃圾上门收运需要考虑居民投放垃圾的时间满意度，即车辆上门收运时间与居民满意度的相关性。这两方面是本文模型构建的基础和关注点。

2. 模型假定

在一个收集区域的派车时间段中，车辆从车场出发，各小区居民总能找到合适的时间地点投递垃圾。每个小片区仅有一辆收运车进行服务（成本最小化），车辆满载或完成该片区收集任务后，运输至中转站卸载。服务完所有垃圾收集点后，收运车辆即可返场。在突发情况下，能有应急运力进行补充，以防收运系统出现漏洞甚至崩溃。具体假定如下：

（1）假定整个区近似为一个矩形，共有 1 个转运中心，1 个出车点，N 个居民区垃圾收集点。已知收集点、出车点和转运站之间距离。

（2）每辆垃圾车载量固定，设为 Q。

（3）已知各居民收集点垃圾量的均值和方差。

（4）已知各居民收集点最大时间容忍范围。

三、模型构建及处理

1. 车辆收运路径的平面图示

由于居民满意度和收运成本是负相关的，所以需要综合两方面因素来决定最佳方案。根据上述假设，用 G 表示整个垃圾收运区域，令 $G=(V,A)$，其中：$V=V_d \cup V_f \cup V_c$；节点 $V_d=\{0\}$ 表示出车点；$V_f=\{n+1\}$ 表示中转站；$V_c=\{1,2,...,n\}$ 表示 N 个居民区收集点；$A=\{(i,j)/i,j \in V,i \neq j\}$ 表示不同节点的弧集。图 1 中的一个闭合路径表示每辆车由空载到满载垃圾收运的过程，所有闭合路径的集合表示该片区一天中的车辆路径，假定为 L。

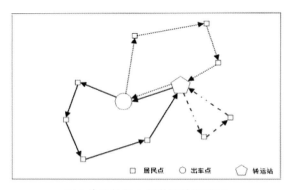

图 1 生活垃圾上门收运流程图示

2. 不确定垃圾量的模型处理

假设 μ_i 为 N 个垃圾点的垃圾量均值，σ_i^2 为 N 个垃圾点的垃圾量方差，垃圾量 X 服从均值为 μ 方差为 σ^2 的正态分布，即 $X \sim N(\mu_i,\sigma_i^2)$。根据相互独立概率分布的可加性特征，将其中 i 个累加，得

$$\sum x \sim N(\mu_1+\mu_2+\cdots+\mu_i, \sigma_1^2+\sigma_2^2+\cdots+\sigma_i^2)$$

将上式转化为标准正态分布 $U \sim N(0,1)$，则

$$U=X-\frac{\mu_1+\mu_2+\mu_3\cdots+\mu_i}{\sqrt{\sigma_1^2+\sigma_2^2+\sigma_3^2\cdots+\sigma_i^2}}$$

实际垃圾收运过程中，垃圾收运车辆的额定载重已知设为 Q，令 $X=Q$，通过查标准正态分布表则可得到该计划路径成功执行的概率。

3. 上门收运垃圾的服务时间处理

城市生活垃圾上门收运实际情况与通常的时间窗车辆调度有所不同，超过居民点硬时间窗范围的收运服务并非无效，即居民满意度为 0，因此本文将时间窗进行模糊化处理以反映居民实际需要，设 N 个点的居民满意度为 $U(S_i)$，定义其服务开始时间的隶属度函数：

$$U(S_i)=\begin{cases}\left(\dfrac{S_i-EET_i}{ET_i-EET_i}\right)^\beta, & S_i \in [EET_i,ET_i] \\ 1, & S_i \in [ET_i,LT_i] \\ \left(\dfrac{ELT_i-S_i}{ELT_i-LT_i}\right)^\beta, & S_i \in [LT_i,ELT_i] \\ 0, & S_i \notin [EET_i,ELT_i]\end{cases}$$

其中，β 是居民对时间的敏感系数，EET_i 和 ELT_i 为模糊时间窗的下限和上限，当车辆服务超过这一最大容忍范围，满意度 $U(S_i)$ 为 0；当车辆在期望时间范围 $[ET_i,LT_i]$ 内进行服务时，满意度 $U(S_i)$ 为 1；当实际服务时间与期望时间之间差距增大，满意度随之降低。令 θ_i 为居民点最低服务水平参数，为保证居民满意度不低于此水平值，求得居民满意度的服务时间窗口 S_i 为

$$\theta_i^{1/\beta}ET_i+(1-\theta_i^{1/\beta})EET_i \leq S_i \leq \theta_i^{1/\beta}LT_i+(1-\theta_i^{1/\beta})ELT_i$$

4. 基于时间满意度的垃圾上门收运模型

综合上述分析，构建基于居民时间满意度的城市生活垃圾上门收运模型如下：

$$\min\left(C_0K+\sum_{k \in K}\sum_{(i,j) \in A}C_{ij}X_{ijk}\right)$$

上述目标函数式表示最小化的垃圾收运费用，C_0 为车辆固定费用成本，C_{ij} 为每条弧（i,j）对应的车辆运输成本。

约束条件　$X_{ijk} = \begin{cases} 1, \text{车辆 k 经过弧(i,j)} \\ 0, \text{否则} \end{cases}$ 　　（1）

$$\sum_{j \in V} X_{ojk} = 1, \forall k \in K$$
$$\sum_{i \in V} X_{iok} = 1, \forall k \in K$$
$$\sum_{i \in V} \sum_{k \in K} X_{ijk} = 1, \forall j \in V \qquad (2)$$
$$\sum_{i \in V} X_{ijk} = \sum_{i \in V} X_{jik}, \forall j \in V_c \cup V_f, k \in K$$

$$\theta_i^{1/\beta} ET_i + (1 - \theta_i^{1/\beta}) EET_i \leq S_i \leq \theta_i^{1/\beta} LT_i + (1 - \theta_i^{1/\beta}) ELT_i \quad (3)$$
$$U(S_{ik}) \geq \theta_i X_{ijk}, \forall i \in V_c, j \in V, k \in K \qquad (4)$$

组合式（2）表示车辆路径为环形，即由车场出发，收运完毕仍回到车场，并保证每个收集点被服务一次；式（3）为收集服务时间约束；式（4）为居民满意度约束。

5. 垃圾运力情况的仿真分析

假设垃圾车运力为 Q（图 2 中设为 1000），我们根据模拟数据画出了随时间变化的垃圾量以及运力搭配情况图。设 X_{i-1} 为 X_i 时前一个小时的垃圾量情况，X_{i-h} 为 X_i 前 h 个小时的垃圾量情况，设早午晚三餐为高峰期，其余为正常期，高峰期运力满足 $C_i \geq X_i + X_{i-1}$，正常期运力 C''_i 满足 $C''_i \geq X_{i-2} + X_{i-1} + X_i$。假设车辆一趟任务需要 3 个小时，则根据模拟图，

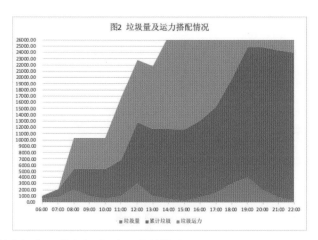

图2 垃圾量及运力搭配情况

发现晚上 19 点至 20 点是高峰期，此时，后备车辆需要随时待命补充运力，防止出现运力不足的情况。

四、结语

垃圾分类收运工作势在必行，必须要加强垃圾分类收运体系建设。本文探讨了基于居民时间满意度的垃圾上门收运路径优化问题，在实际设计线路时，需要考虑做好以下工作。1. 统计各片区居民点每日垃圾量情况，进行数据处理分析，得到每个时间段大致垃圾量，并据此合理安排路线和车辆以达到运力效率最大化。2. 建立片区内线路模型，根据出车地点合理设计垃圾收集转运路线，减少重复劳动造成的人力、燃油等损耗。查询历史数据得到片区内道路状况，例如，有的主干道早晚高峰非常拥堵，需要绕开行驶等。3. 模拟计算一次"出车－收集－转运"的时间，得到收运垃圾的间隔，并以此为基准。4. 充分调研考虑各片区实际情况，如，老年人和上班族年轻人的生活习性和作息时间具有较大差异，一般情况下，年轻人为主的家庭厨余垃圾量少于中老年家庭；片区居民扔垃圾习惯也存在差异，有的早上出门顺带丢弃垃圾，有的则喜欢晚上清理扔出，可通过"网上＋线下"相结合方式进行调查试点，寻求时间分配和运载车辆路线的最优组合，尽可能满足各居民小区对上门收运服务的时间要求。5. 可运用地理信息系统和层次分析法等现代信息技术，建立可视化的多目标运输体系，以确定最佳运输路径。

（作者系南京市雨花台区城市治理公众委员，南京审计大学副教授，日本国立名古屋大学国际发展专业管理学硕士，南京农业大学经济管理学院农村发展专业管理学博士）

南京市江北新区综合行政执法中 "非接触性执法" 运用和推广探究

文 / 方升其　朱巍巍

南京市江北新区综合行政执法总队（以下简称：新区执法总队）是一支拥有多个行政执法类别的综合性行政执法队伍。自 2018 年始，新区执法总队就努力融合各执法条线执法优势，创新执法模式，努力开辟一条"高效、精准、智慧"的行政执法新道路。目前"非接触性执法"的灵活运用已成为探索执法新模式的突破口，并在城市管理、交通、文化等多个执法领域成功运用。

一、传统执法模式中存在的问题及"非接触性执法"优势

以传统执法模式实践情况看，基层行政执法部门执法活动仍存在诸多矛盾和问题，面临严峻挑战。一是规范执法要求越来越高，现有方式不能快速达到要求。二是执法条线多任务广，基层人少事多，无法面面俱到。三是执法方法约束力不强，体制不完善，暴力抗法时有发生，执法权威得不到保障。四是体制机制不完善，多头执法导致相互推诿，不能形成有效合力。

"非接触性执法"模式是以现场执法可视化、违法取证多元化及法院强制执行保障到位为基本要素的执法机制，在日常现场执法过程中可有效降低基层执法人员的执法风险和执法难度，提高执法效能；有力打击城市管理和执法过程中遇到的"硬骨头"。

二、江北新区"非接触性执法"应用现状

新区执法总队是一支综合了城管、交通、农业、文化、旅游、劳动多个行政执法类别的综合性行政执法队伍。目前"非接触性执法"新模式已在城市管理中的渣土执法、门前三包管理、排污排水类执法，交通执法中客运车辆违规上下客管理，文化执法中网吧、网络公司监管等多个执法领域部分权力事项中成功推广。

1. 渣土运输执法领域

新区执法总队在渣土运输管控领域"非接触性执法"模式运用最先展开，成果较大。新区执法总队办理的工程渣土类案件 80% 以上直接或间接运用"非接触性执法"模式进行办案，"非接触性执法"模式运用，有效地避免了执法人员在执法过程中与当事人的正面冲突，提高了执法效率，逐步取代原有的严看死守、现场查扣的传统模式。近日，新区总队运用"非接触性执法"新模式，一夜之间集中查处违规偷倒渣土车辆 67 台，成功查处新区成立以来渣土违规第一大案。

2019 年 5 月 20 日清晨，新区执法总队执法人员对辖区油大线某渣土回填场地进行检查时发现，回填场地内有大量机械在平整场地，在堆放的渣土顶部，新近倾倒的痕迹明显。

现场执法人员通过智慧城管系统调取了近期该回填场地周边的视频监控，发现 5 月 20 日凌晨 2 点至 5 点，陆续有 203 台次渣土车从长江二桥雍庄出口驶出，经江北大道进入油大线，后由新华东路入口上长江二桥高速驶往南京市区方向。从监控画面中可以看出车辆驶入油大线时明显满载工程渣土，驶出时车箱板内明显没有装载货物。

执法人员迅速与新区渣土管理联合办公室对接，对这 203 台次渣土车车号进行反复比对，细致核查，最终锁定了其中的 67 台渣土车，共涉及渣土运输企业 5 家。在清晰的影像证据面前，涉案单位对其违规运输渣土的行为供认不讳，至此，案件调查已形成完整的证据链。新区执法总队依据相关条款，对涉案的 5 家运输单位予以立案查处。

2. 交通执法领域

新区执法总队一直致力于交通执法与城市管理执法信息共享共融，在查处省内客运车辆违规上下客案件的交通执法领域中，已经可以充分利用城市管理数字化指挥平台在城市主要交通路口的远程监控系统，对违章情况进行实时抓拍取证。

2019 年 6 月 1 日，新区执法总队的交通执法人员在利用总队数字化指挥平台，对宁六路葛塘客运站附近路面进行电子巡查时发现，洪泽县某客运公司车辆苏 Hxxx12 在葛塘客运站出站口路边违规停靠，并伴有违规上客行为。执法人员随即对该行为录像取证。

因该公司车辆涉嫌不按批准的客运站点停靠，新区执法总队对其立案查处。执法人员取证后通过"运政在线"系统

对违法主体进行确认，同时利用"运政在线"平台向相关企业履行告知程序，后期结合交管部门的车辆年审制度落实案件执行。真正实现"零口供"办案，全流程非接触性执法。

3. 在门前三包、排污排水等领域

在门前三包、排污排水等类别执法活动中，由于违法行为反复性较强，经常需要进行案件还原、案件追溯，利用"非接触性执法"模式可以做到事半功倍，目前新区执法总队利用"非接触性执法"办理的门前三包、排污排水类案件数明显增多。

2019年5月28日，新区执法总队组织人员对沿街雨水箅的现状开展普查时发现：位于大厂街道草芳路的一处雨水箅上油迹斑斑，不时传来阵阵恶臭。检查后发现此处雨水箅内存在大量残余的餐厨废弃物，初步判断是被倒入餐厨污水导致堵塞。为了查清造成雨水箅"肠梗阻"的元凶，执法人员调整了监控探头位置，将其对准雨水箅范围，开展实时监控，来个"守株待兔"。当日下午14时40分，执法人员通过监控发现，路边一家小吃店在经营结束后，将餐厨污水倒进了此处的雨水箅。面对铁证如山的监控画面，这家小吃店经营户顿时哑口无言，随后承认了自己乱倒餐厨污水的违法事实。

4. 文化执法领域

在文化执法领域，新区执法总队利用"智慧网文"、远程监控等监管措施对网吧、网络公司进行实时监管。当发生类似网吧经营者未对上网人员进行身份登记或其他违章行为的，文化执法人员就可以直接远程监管、远程取证，真正做到互联网＋行政执法的新模式。

2019年3月19日，新区执法总队文化执法的工作人员，利用"智慧网文"远程监控平台对辖区网络公司网站主页进行远程监管时发现，东大路某办公楼内的一家网络公司的主页上并没有按要求在其网站主页的显著位置标明《网络文化经营许可证》编号。执法人员立即利用该平台对其网站情况进行截屏记录，有效取得违法证据。

在依法履行告知环节、决定环节和执行环节的相关程序后，该案件于2019年5月初结案，违章当事人依法缴纳罚款一千元整。

5. 流动摊点、市容市貌等领域

"非接触性执法"在流动摊点及市容市貌领域运用较少。主要因为执法人员在运用视频监控、影像摄录等信息技术手段固定违法事实证据时，无法直接锁定违法相对人的身份信息，同时告知环节、决定环节的文书送达有一定难度，执法成本的增加又导致基层执法队伍更倾向于暂扣经营物品的传统执法模式。目前新区执法总队正通过试点推进的方式进一步尝试在该领域的推广运用。

三、非接触执法运用和推广过程中的探索思考

1."非接触性执法"运用和推广前提是解决科技设备问题

完善设备保障是推行非接触性执法的前提。"非接触性执法"对前期违法证据的采集要求较高，清晰准确的影视图像才能使固定违法事实证据可靠有力。完善的智慧（数字）城管平台功能，视频监控、人工智能技术、物联网技术的深度应用，才能使"非接触性执法"可靠有效。这就使城市管理及相关部门要为"非接触性执法"模式的推广提供

更为有效的技术和资金保障。

2."非接触性执法"运用和推广关键在要解决人的想法问题

执法者在使用新事物时能不能主动接受，关键在于"非接触性执法"能否降低其在执法过程中精力成本和时间成本。

在处理渣土类和门前三包、排污排水类案件时，执法人员可以利用数字化、精细化、智能化的科技手段，减少以往在查处该类案件时定人定岗、严看死守式的执法模式，大大降低了执法成本，执法者更乐意接受"非接触性执法"新模式。在流动摊点等领域执法过程中"先行登记保存、查封扣押"等方式来得更直接、更方便。相比"非接触性执法"后期告知环节、决定环节和执行环节执法人员消耗的精力，执法者更愿意选择前者。

所以说，在"非接触性执法"运用和推广过程中，在取证环节、立案环节的执法效能提升后，告知环节、决定环节和执行环节执法难题是否破解和效能是否提升也是基层执法人员是否愿意采取"非接触性执法"模式进行执法的重要因素。

3."非接触性执法"运用和推广根本在如何建立多部门联动和信息共享共建机制

建立各部门信息共享机制，可以为"非接触性执法"创造良好的外部环境。

需要通过建立一个全面、便捷的信息共享平台，行政执法立案环节的执法效能将大大提高，后期告知、决定环节的文书效率将明显提高。

在实际推广中做好公安信息系统的资源共享共用，可以准确获悉当事人身份信息，大大降低在确认违法人身份信息时消耗的时间成本；做好住建部门信息的共享共用，违法建设案件中可以及时做出违法事实认定，也能迅速找到建设施工工地实时视频影像资料、施工许可资料等信息；建立与市场监管部门信息的共享共用，可以及时获取企业、个体工商户工商登记资料和注销、变更情况等信息，有效降低"非接触性执法"案中确认违法主体消耗的人力成本。

同样，能加强法院司法协作，积极争取基层人民法院对"非接触性执法"工作的支持和指导，通过建立派驻法院工作联络室等工作机制，就"非接触性执法"的执法程序、证据收集、文书送达等环节形成统一意见，使案件符合非诉执行司法审查标准，进一步提高案件执行率。

因此，多部门联合共管、信息共享机制是否完备直接影响"非接触性执法"

新模式的高效运转，是否可以在实际执法中提供便利是让执法人员乐于尝试新方法的根本。

四、运用和推广过程中重、难点问题的相关对策

"非接触性执法"自身优势可以大大改变城市管理传统执法方式中通过暂扣物品作为"筹码"换取违法人守法的执法现状，能进一步消除群众对城管工作的误解、改变片面的印象。但"非接触性执法"在给我们带来新机遇时也给我们提了更高的要求，如执法程序规范性、证据收集有效性等。

1. "非接触性执法"模式能够普遍运用首先要解决装备的问题。一是要努力完善执法记录仪、车载监控仪等执法装备，加快实现队伍的执法过程的全程留痕、可视监督；二是进一步完善城市管理数字化指挥调度平台视频监控布局，完善自身监控网络；三是在监控网络实现视频监控联网共享，并根据辖区管理执法需要，进一步加强与公安等部门的监控资源共享，简化调阅手续，打通绿色通道。

2. "非接触性执法"模式全面推广要积极消除执法人员心理障碍。一是加强业务水平培训，全面掌握"非接触性执法"模式的办案要点、注意事项，提高依法办案水平，消除"办不成、办不好、办错案"的思想顾虑；二是编撰典型案例，通过召开现场会、座谈会等形式积极宣传"非接触性执法"模式的执法优势，形成"敢为当先"的积极工作氛围；三是对有条件开展"非接触性执法"活动的基层执法队伍"压担子、提目标"，指导基层执法队伍有序实施"非接触性执法"。

3. 主动搭建"非接触性执法"信息库。一是完善完备城市管理执法基础信息数据库。根据"非接触性执法"案件类型，在日常工作中加强对流动摊贩、街边店铺、渣土运输车辆等基础信息的收集登记，建立符合执法工作需要的基础数据库；二是努力加强资源整合，实现与公安（交警）、建设、规划、市场监管等部门的数据对接和信息共享。

4. 健全执法工作制度，走好案件执行最后"一公里"。一是研究制定"非接触性执法"工作规范，明晰适用领域和范围、执法程序、取证规范、自由裁量、部门协作等。二是强化法院司法协作，一方面与法院等部门形成工作联动，探索非诉执行司法审查要求，进一步提高案件执行率；另一方面通过引进法律顾问等形式，加强对"非接触性执法"案件的法制审核，发现问题及时纠正，确保每一起案件都办成经得起检验的"铁案"。三是探索信用联合惩戒，利用联合的信用平台，提高违法成本，着力构建"一处失信、处处受限"的信用监督、警示、惩戒的工作格局，为"非接触性执法"走好案件执行"最后一公里"提供良好的外部环境。

综上所述，"非接触性执法"的运用和推广，是有章可循的，也必将在综合行政执法领域普遍运用。它的运用势必能进一步提升城市管理系统信息化管理水平，进而推动城市管理从小城管向大城管、从粗放管理向精细管理、从突击管理向长效管理方向发展，切实打造共建共治共享的社会治理格局。

（作者单位：南京市江北新区综合行政执法总队）

犬患的缘起与治理

文/张帆　王兴平

　　近年来，城市犬患问题被推上风口浪尖。一边是广受欢迎、大肆宣传的"人类伙伴说"，一边是屡禁不止、民怨颇深的"养犬扰民论"。毫无疑问，这两种论调都有其道理，那么管理部门如何从中找到平衡，进而有效地治理城市犬患，为城市居民提供一个理想的生活环境呢？过去，城市犬患治理力度较大，但成效不明显，甚至引发了巨大的社会矛盾。本文首先回溯人犬关系的建立历史；接着阐述现代城市的犬患问题；然后分析了过去城市犬患治理的主要依据——城市养犬管理条例；最后在此基础上提出城市犬患治理的合理建议，以期对未来城市的犬患治理有所启示。

一、人犬相伴的历史

　　人类与犬相伴的历史由来已久，在这漫长的历史过程中，人类与犬建立了极其古老和亲密的伙伴关系。随着社会的发展进步，犬只的作用不断丰富，养犬阵地也由农耕社会的农村逐渐转移至现代社会的城市。

　　人类从原始社会就开始训犬，那时人们更加注重犬只的实用性；到了奴隶社会，人们对犬的作用期望有所变化，甚至出现了遛犬的现象。截至目前，已发现的最早的驯养犬出现在德国，距今14000 年前，而中国最早的驯养犬则出现在河南，时间约为新石器早期，这时驯养犬主要是满足人们放牧、狩猎、警报以及食用的需求；周代时期，人们将驯养犬分为三种类型，包括专供打猎的"田犬"、看家的"吠犬"和食用的"食犬"；春秋战国时期，社会养犬业进一步发展，《墨子·天志》记载"四海之内，粒食人民，莫不刍牛羊，豢犬豨"，《战国策·齐策》也提及"临淄甚富而实，其民无不吹竽、鼓瑟、击筑、弹琴、斗鸡、走犬、六博、蹴鞠者"。

进入封建社会后，社会生产力进一步解放，驯养犬的规模不断扩大，其用途也不断丰富——人们在皇宫和边疆等特殊地方将犬用以观赏、娱乐和使役等。三国时期，名犬极其显贵；汉代时期，皇宫内设有"狗监"等宫职，专门负责管理皇帝的猎犬，驯养犬的用途已不再

局限于祭祀、狩猎和护卫等，而是发展到供玩赏、娱乐等非实用性用途；晋朝时期也多有诗文颂犬，"狗吠深巷中，鸡鸣桑树颠"；唐朝时期则不仅是我国封建社会的鼎盛时期，也是皇室养犬的高峰时期，皇宫专设"狗坊"以饲养犬；宋朝时期的民间养犬业进一步发展，并形成一定的规模，《宋书·陈兢传》记载"江洲昉家，养犬百余，亦置一槽共食"；元朝时期的犬曾被作为使役，用以拉雪橇进行通讯和运输；明清时期，养犬业的突出贡献则是在繁育方面达到较高水平；近代的驯养犬主要分布在乡村、北方林牧区以及中小城镇，这时犬类常被用以看护、警戒、狩猎等。

现代社会中犬的社会身份达到顶峰，犬的主要生存地转移至城市，这引发了新的城市问题。20世纪80年代，伴随着生活水平的提高，人们的精神生活需求也日益提高，社会上开始出现大量家庭饲养的小型玩赏犬；同时，政府也因毒品问题开始驯养缉毒犬。20世纪90年代，宠物热达到高潮，犬只的炒作与泛滥频出。此时，中国驯养犬的空间分布由以农村为主转变为以城市为主。进入21世纪，犬更是成为了国人心目中的好朋友，出没在高密度城市的各个角落。在犬成为人类好朋友的过程中，其大规模饲养和迅速繁殖带来了新的城市问题——由于狂犬病的流行和犬患的频出，政府不得不采取各种措施限制犬的蔓延。

二、高密度城市中人犬的生存战

2.1 城市大量养犬

全国城镇地区的驯养犬数量较多，

主要为宠物犬；而且养犬人群的数量也较多，年龄结构年轻化，养犬定位高端化。据中国疾控中心发布的调查资料显示，目前中国犬只数量已经超过1.3亿只，居世界第一位。同时《2018年中国宠物行业白皮书》显示，2018年，中国城镇养犬人数达3390万人，全国城镇犬量达到5085万只，人均养犬1.5只。养犬甚至激发了一系列城市细分产业的发展。以南京市为例，通过爬取南京市生活地图中宠物相关的商业设施，发现，南京市相关商业设施类型包括宠物会所、宠物医院、宠物生活馆、宠物美容店等多种，数量近400家；进一步将各类宠物商业设施落点至空间，如下图显示，各类设施主要分布在人口密集的中心城区尤其是老城区，只有零星几家分布在郊区。这从消费视角侧面证实了城市养宠中养犬数量极多，在人口密集的地区尤是如此。

2.2 犬患四处兴起

随着生活水平的提高以及饲养宠物的风靡，高密度城市中犬的规模不断扩大，甚至一定程度上挤占了原本属于居

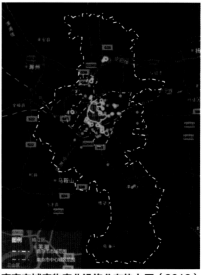

南京市域宠物商业设施分布热力图（2019）
图片来源：自绘

民的生活空间，许多居民还没来得及学会与犬共享城市空间，犬患就四处兴起。具体来说，城市犬患大致分为以下三种类型：一是犬只破坏环境，通过检索"犬环境卫生""犬吠""犬只排便"等关键词，网页显示大量相关报道，犬只随地排便不清理、犬吠噪声扰民、放任犬只侵占公共活动空间等一系列不文明养犬行为严重影响了居民的生活；二是犬只惊扰民众，近年来有关犬只惊扰民众的报道铺天盖地，由于犬只随意出没公共场所，部分弱势群体尤其是小孩极易受到惊吓，引发事件双方冲突；三是犬只屡次伤人，部分养犬人遛犬不栓绳，犬只情绪不稳定伤人、具有攻击性的猎犬伤人、犬只追逐导致民众受伤等事件层出不穷，同时因爱犬而引发的肢体冲突也屡见不鲜。

2.3 养犬惹社会争议

城市究竟能不能养犬？这引发了社会激烈的讨论，且尚未得到明确的结论。爱犬人士坚称"犬是家人不是宠物"，"犬为人类社会做出了很大的贡献，除了常见的家庭观赏之外，犬还帮助我们打猎、导盲、搜救、拉曳，甚至是实验，它们值得我们的爱"；养犬人认为"牵绳子对于犬只来说很束缚，犬只去哪都跟着尽量不接触人，遛犬时间与大家错开就好了"；不养犬人则认为"我心理上就很害怕犬，随地大小便真的很影响环境，会对人造成伤害，犬叫声太扰民"。与社会讨论并行的还有轰轰烈烈的救犬运动，部分爱犬人士以护犬之名在屡遭打击的情况下仍将运动传承下去，其中既包括拦截非法的运犬车辆也包含拦截合法的运犬车辆。因此，这些运动虽然得到部分人的支持，但同时也饱受社会的批评。

高密度城市中人和犬的问题在这个社会显得如此突兀，犬成为部分人群眼中的弱势群体或是祸源，深度影响了城市居民的生活。其表征为价值观念相左引发的城市空间冲突问题，实质则是中国快速城镇化背后社会文化结构分异引发的空间异化现象之一。规范城市养犬行为、尊重多元价值、合理引导社会风气，而非"一刀切"回归农耕时代的养犬方式，将成为解决城市犬患、释放城市社会压力的关键。

三、城市禁犬令的颁布与施行

3.1 城市禁犬令的颁布

1987 年，由于狂犬病的肆虐，昆明市在当年 7 月 2 日颁布了《禁止养狗的通知》，之后在昆明市和云南省的多个地级市均展开了轰轰烈烈的禁犬运动。这是改革开放后中国第一个禁犬令。目前，大多数城市均出台了地方性养犬管理条例。回溯主要城市的养犬管理条例，大多数城市在 20 世纪 90 年代甚至 80 年代就颁布了首版条例，养犬管理条例内容一直在随着时代变迁而不断修正，现行条例或为旧条例更新版或为新条例更新版。其中，上海市和杭州市养犬条例自颁布起已经更新 5 次之多，南昌市、南宁市、西安市、天津市和乌鲁木齐市养犬条例也更新了 4 次，其他大部分主要城市也更新了 3 次或 2 次。

这些主要城市的现行养犬管理条例的内容主要体现在养犬许可、养犬过程和惩罚措施三方面。以南京市为例，南京市现行的养犬条例为 2007 年版，与其他城市的养犬条例相比较为严厉，基本涵盖了三大方面的全部内容。在养犬许可方面，对犬只实行养犬许可、分区域管理、禁养品种名单和限制数量等措施；在养犬过程方面，对犬只在公共交通和出户打扮等方面进行管理，但尚未明确限制其出户时间；在惩罚措施方面，条例涵盖了罚款、没收犬只、吊销证件、出"黑名单"制度等。

3.2 城市禁犬令的施行

从上面可以看出，我国的养犬管理条例在各主要城市称得上较为严厉，但实际上，这些管理条例的施行效果却一直不如人意，各种养犬纠纷依旧时常发生。究其主要原因：一是监管不严导致执行效果一般，二是没有明确规定养犬的要求，三是对违法行为处罚成本过低，四则是居民对犬只伤害的维权意识不足。以去年杭州市为例，因屡次发生涉犬事故，杭州市政府下定决心开展史上最严犬类整治活动，但在具体执行过程中引发了巨大的社会舆论。这进一步

体现了城市犬患治理的难度，一方面难在禁犬令的施行，另一方面更难在舆论环境的冲击。在距杭州市犬类整治近一年时间后，杭州市的文明养犬情况总体有所好转，但仍旧存在部分人违反规定的情况，城市犬患的治理仍有很长的路要走。

四、未来城市犬患治理的建议

4.1 由对养犬类型的准入限制，到对养犬类型、空间和时间准入的明确

禁犬令中通常按照养犬类型直接进行管控，这种管控方式对空间和时间准入限制关注度有限，忽略了犬患治理的城市空间属性，应建立一个犬只类型－空间－时间的准入限制三维管控指标体系。管理部门可以按照犬只的体型、习性和性格等对城市居民的影响进行评

估，尤其要注意大型犬和烈性犬对城市居民的潜在威胁，从而按照犬患治理的需求再次界定犬只的类型。对公共区域如城市广场、城市公园、公共建筑和商业核心地段等人口活动密集时段进行调查，以便针对不同区域提出不同类型犬只的时间准入限制，才能够有效维护公共安全。居住区也是犬患治理的核心地段，在空间准入限制和时间准入限制的基础上，精细化管控犬只的活动时间和活动范围，营造良好的居住环境。此外，管理部门也可以针对居民遛犬等需求，按照一定辐射范围建立集中的遛犬活动场所，并对使用者收取一定费用以弥补公共物品侵占。

4.2 由事后治病转向事前治犬，加强对犬只的防疫管控

狂犬病极其可怕，一旦发病则会导致死亡。我国长期处于"犬咬人人打疫

苗"的局面，使用狂犬疫苗数量高达全球80%，令人震惊。实际上，狂犬病也可以100%预防，除了事后给被咬人注射狂犬疫苗，也可以事先对犬只注射疫苗以从源头消灭病原体。大多数发达国家均采取了事前防疫的措施，即对登记犬只强制注射狂犬疫苗。一旦人被犬咬后，只要查看该犬只的健康证上是否有疫苗注射记录即可，如犬只注射过疫苗则人不用再次注射。这样的制度有效降低了狂犬疫苗的使用，也降低了人被咬后发病的风险。因此，管理部门应坚决把狂犬疫苗打在犬只身上，颠覆我国以往在狂犬疫苗注射上的人犬本末倒置的历史。这一方面需要对城市犬只实行更为严格的网格化管理，强制登记注册并注射狂犬疫苗，必要时可提供免费的疫苗注射服务；另一方面还需要加强对犬只疫苗注射的监督和管控，采取"零容忍"态度，一旦发现绝不姑息，并实行"举报有奖违者重罚"的严厉措施。

4.3 由注重治犬转向注重治人，对养犬人进行有效管理和引导

之前犬类整治活动对违反养犬管理条例的养犬人惩治不严，而将清理城市流浪犬送上了风口浪尖，背离了城市犬患治理的核心。管理部门应当将城市犬患治理落实到养犬人养犬的全过程，推行"终身饲养制"，避免流浪犬的泛滥。以日本为例，如果养犬人对所养犬只出现遗弃、虐待和伤害甚至杀害行为，将面临高额罚款甚至是有期徒刑，这使得日本的养犬人在养犬决策方面更为谨慎。同时养犬行为的高门槛限制性政策也应该提上日程，管理部门对违反条例的养犬人采取严厉的处罚措施且落实到位，严禁不文明养犬危害公共安全；但管理部门也需要注重政策的适度性，保

证养犬者的正常生活，以减轻收容中心和部门压力，减少流浪犬数量的增长。全国其他城市可推行或者效仿山东济南市的"养犬积分制"。这是一种类似于对机动车驾驶员驾照一般的管理，对不文明的养犬人实行扣分，一旦扣完十二分，养犬人即需要接受教育和考试，严重者将取消养犬资格。

4.4 创新政策推行方式和社会保障政策，对社会养犬进行合理疏导

考虑到我国犬患治理的阶段性，管理部门宜在实际管理中采取渐进性措施，注重创新政策推行方式和社会保障政策。管理部门可在推行政策过程中分时序采取不同模式。短期内采取"政府管理，群众参与"的模式，除了强制性政策外，管理部门可联合社会组织在公共场所及基层社区提供文明养犬的配套设施，同时设立犬只管理纠纷协调机构，避免小事故酿成大矛盾；长期实行"政策修正和宣传引导"的模式，即根据实际施行情况不断修正政策，并在基层社区长期宣传以引导养犬人群文明养犬。此外，针对合理引导社会关注度的创新也必不可少。针对作为养犬主力的老年人，管理部门一方面可以联合义工组织成立爱心积分制的爱心工会，通过低龄者照顾老龄者换取积分，可直接兑换商品或者社会服务；另一方面可以推行老科技工作者再上岗，减少老年人独处时间。通过上述或者类似的激励政策，减少人群的独处时间，传播人与人之间的爱心，可以从某种程度减低城市养犬的需求。

（作者简介：张帆系东南大学建筑学院硕士研究生；王兴平系东南大学建筑学院教授，南京市城市治理委员会公众委员）

城市管理机关廉政文化建设的
几点思考

文 / **陶本传**

所谓廉政文化，是人们关于廉政的知识、信仰、规范和与之相适应的生活方式、社会评价，大致包括廉政的社会文化、政治文化、法律文化、职业文化和组织文化。廉政文化是社会主义先进文化的重要组成部分，是廉政建设与文化建设的有机融合。廉政文化建设是深入推进城管系统反腐败工作的必然要求，有利于发挥文化教育在反腐倡廉工作中的先导性作用，有利于进一步筑牢城管系统党员干部拒腐防变的思想道德防线。

一、开展机关廉政文化建设的重要意义

大力推进城管局机关廉政文化建设，对于加强城管局机关反腐倡廉建设，营造机关勤政廉政的良好氛围，规范城管系统公职人员的从政行为，促进机关和全系统的干部作风转变，提高城管工作效率，具有积极的作用。

首先，城管机关党员领导干部是廉政文化建设的重点人群。提高领导干部廉政文化素养，是领导干部增强自身素质、履行肩负责任的重要保证。机关中党员比例高，领导干部集中，机关作风建设的好坏，直接关系到党的路线、方针、政策能否贯彻落实到基层，关系到局党委、局行政的正确决策能否得到有效执行。其次，城管机关各部门是政府的职能部门，手中或多或少掌握着权力，如许可权、审批权、执法权、人权、财权、事权等。我们能否正确行使职能、履行职责、用好权力，关系到党和政府在人民群众心目中的地位和形象，关系到事业的健康发展。因此，在城管机关全面推进廉政文化建设，能够帮助广大党员特别是领导干部进一步增强党的宗旨意识和群众观念，努力做到"权为民所用、情为民所系、利为民所谋"，为提高党的执政能力、保持党的先进性，提供文化滋养，为构建惩治和预防腐败体系提供重要支撑。

二、当前城管机关廉政文化建设中存在的主要问题

一是接受廉政教育的自觉性不高。有的机关干部认为讲党风廉政建设是领

导讲、群众听，很难把自己摆进去自觉接受廉政教育，甚至以工作忙为借口，不正常参加组织生活。

二是接受廉政教育的主动性不强。有些党员干部认为廉政教育应该讲给领导听，自己是一般干部，不会有腐败问题。

三是对廉政文化进机关的意义认识不到位。有些党员对廉政文化的概念、内涵、本质、特征、功能等认识模糊，理解不深。

四是机关开展廉政文化建设效果不明显。目前，我们虽然开展了一些廉政教育，但是形式单一，内容单调，不能达到预期的教育目的，使廉政文化进机关工作创新不够，效果不佳。

三、加强城管机关廉政文化建设的基本思路

廉政文化在反腐倡廉中的教育作用是潜移默化和不可低估的。加强廉政文化建设对于帮助广大党员干部筑牢拒腐防变的思想道德防线，推动党风廉政建设，具有十分重要而独特的作用。我们要充分利用这一有效的文化载体来为加强新形势下城管局机关的党风廉政建设服务。

1. 要进一步明确机关廉政文化建设的地位和作用

反腐败是严肃的政治斗争，也是文化和道德观念的较量。要充分认识到廉政文化是先进文化的重要内容，具有亲合力、凝聚力、辐射力和渗透力，能够对反腐倡廉工作发挥正确的导向作用、积极的促进作用和有力的推动作用。因此，要善于运用文化的力量来推动反腐倡廉工作的顺利开展。

在廉政文化建设中，首先要加强对廉政文化重要性的宣传。要通过深入的宣传，让局机关全体党员干部充分认识到，一定的思想道德和文化支配与约束，对公务人员的从政行为具有重要的导向和规范作用，对反腐倡廉工作具有长期的影响。其次，应注意增加廉政教育的文化含量，使机关党员干部在轻松气氛中受到熏陶，在艺术欣赏中净化心灵。

廉政文化看起来是个无形的东西，但一旦植根于人们心中，就会对机关党员干部行为构成更为自觉的规范，形成约束力和自控力。只有发挥廉政文化潜在的熏陶、引导、渗透、影响的力量，来感化、优化机关党员干部的从政行为，才能从根本上树立"不愿腐败"的思想观念，最大限度地防止腐败问题的发生。

2. 要进一步创新城管机关廉政文化建设的工作方式

一是用教育导廉。要深化和扩展党风廉政宣传教育工作，努力在城管机关形成一种"以廉为荣、以贪为耻"的浓厚氛围。结合创建文明机关活动，以领导干部为重点，深入开展理想信念、从政道德、社会主义荣辱观和法律法规教育，通过各种学习培训、开展丰富多采的廉政文化活动，大力倡导廉洁奉公、诚实守信、爱岗敬业、公道正派的思想理念。从而不断增强机关党员干部的廉洁从政意识。

二是用活动促廉。我们要切实让廉政文化走进机关干部群众的心间，积极推进以"为民、务实、清廉"为主题的廉政文化进机关活动。针对党员领导干部，要深入开展科学发展观、正确的权力观、政绩观教育，不断增强领导干部的廉政勤政意识；针对一般党员干部，要结合一系列的教育活动，使大家转变工作作风，提高工作效能。在活动中要

拍摄/**吴咏进**

坚持以德感人，以理服人，以情动人，吸引广大党员干部群众参与廉政文化建设。要充分利用群众性文化设施，通过举办展览、讲座、放映影视作品、提供图书资料等形式，使人们在鉴赏的同时得到潜移默化的教育；要组织开展征文、歌咏、美术、书法、摄影、辩论、灯谜、知识竞答等活动，使机关干部在参与活动中增强拒腐防变能力。要发挥好南京市"爱国主义教育基地""警示教育基地"的作用，以贯彻落实"南京城管核心价值观"为切入口，广泛深入开展党风廉政宣传教育活动，进一步推进局机关廉政环境的形成。

三是用典型推廉。要进一步加大先进典型的选树力度，力争在机关各部门选树一批勤廉兼优的模范人物，在全机关营造一种学习先进、崇尚先进、争当先进的良好氛围。同时，要充分利用局系统的反面典型开展警示教育活动，使党员干部思想上受到震撼，心灵上受到洗礼，自觉筑牢拒腐防变的思想道德防线。

3. 要进一步打牢城管机关廉政文化建设的群众基础

廉政文化建设是一项全员性的工作，需要局机关全体领导和广大党员共同参与。没有领导干部的积极带头，廉政文化建设就会失去应有的功效和有力的组织保证；没有广大党员的参与，廉政文化建设就会缺乏生机和活力。要以领导干部的模范行动激发广大党员参与廉政文化活动的热情。只有机关全体党员干部和职工群众在共同参与中互相学习，互相促进，廉政文化建设才会出现勃勃生机，才有深厚的群众基础。

总之，城管系统机关廉政文化建设是加强反腐倡廉教育的重要手段，是加强党风廉政建设的重要组成部分。我们要充分发掘和利用廉政文化教育的功能，进一步筑牢局机关广大党员干部拒腐防变的思想道德防线，推动机关党风廉政建设的深入发展。

（作者系南京市城市管理局机关党委专职副书记、机关纪委书记）

关于城管信用信息系统建设的
创新研究与实践

文 / **袁楚乔**

社会信用体系建设是完善社会主义市场经济体制的重要保障，是实现城市治理体系和治理能力现代化的重要抓手。党的十八大以来，习近平总书记对信用体系建设作出了一系列重要指示，要求既要抓紧建立覆盖全社会的征信系统，又要完善守法诚信褒奖机制和违法失信惩戒机制，使人不敢失信、不能失信。习总书记的重要论述，从战略高度为新时代深入推进信用体系建设提供了强大思想武器和行动指南。

一、近年来南京城管信用体系建设概况与剖析

（一）建设历程与现状

南京市城管局是 2014 年纳入南京市信用建设体系的，发展上总体分三个阶段。2015—2016 年起步摸索期。基本上是在一张白纸的基础上起步的，这个阶段认知程度、业务能力都比较欠缺，基础比较薄弱，这两年在市里考核都比较靠后。2017—2018 年快速提升期。这个阶段认识深度、重视程度、工作力度都全所未有，工作中，从搞好顶层设计、确立目标定位开始布局，从学习调研、建章立制开始着手，从摸清底数、夯实基础开始起步，按照既定的目标路线图，持续用力，全面推进，疾步快走，实现了跨越式发展，2017、2018 年获得全市综合考核一等奖、创新项目奖。2019 年，进入高质量发展期，工作的重心开始由注重夯实基础向实践运用、由全面推进向单点突进、由粗放式发展向高质量推进转变，着力推动信用在城市管理领域的实践运用，在助力城市管理精细化水平提升上彰显力量、发挥作用。

（二）存在的主要问题及原因

主要表现在三个方面。

1. 信用工作与业务工作还不相融合。还存在把二者搞成"两张皮"的现象，没有深度融合、铰链互助，没有做到同步筹划、同步部署、同步落实，导致站位不高、工作被动、效果不好。主要原因是对信用工作的重大作用和重要意义还认识不到位，做好信用工作的能力还比较欠缺。

2. 信用信息化程度低与时代要求还不相符。一直以来，南京市城管局信用工作停留在最原始的人工作业状态，每月人工报送带来的工作统计量大，工作效率低；在实施工作联动、工作信息查询、实施联合奖惩时，由于缺乏信息化手段，只能靠人工操作完成，效率效益都很低。主要原因是缺乏信息化平台。

3. 信用制度与实践运用还不相匹配。近年来，虽然研究制订了一些信用管理制度，但除了渣土运输是市政府研究通过的外，其余只是一个部门的文件、制度，也是暂行的、试行的，产生的信息和数据只能作为内部监管的一种方法和手段来用，无法推送市级平台共享共用，主要原因是城管领域无上位法支撑。

二、关于城管信用信息系统建设的创新研究与实践

（一）主要背景和意义

一是新时代创新城市治理的迫切需要。在当前城市发展瞬息万变、城市面貌日新月异、城市管理复杂多变的形势

下，信用建设亟待融入时代发展潮流，引入"互联网＋"、云计算等先进的技术，建设城管信用信息系统，以此提高工作效率、提升城市治理水平。二是城管系统信用工作的现实需要。一直以来，城管系统信用工作报送、信息查询和信用产品运用，还停留在最原始的人工作业阶段，既费时费力不精准，也难以实现日后海量数据信息的互通共享，更难以实施联合监管和联合奖惩，亟待运用信息化手段来改变。三是城管信用制度建设的客观需要。在信用建设向深度推进、向实践运用中，遇到了制约和瓶颈，亟待制度突破，而搭建信用信息系统平台最核心的是信用管理标准化的建立，最根本的是信用计分数据建模。四是建设"数字化城管"实践经验启示，城管信用工作要提高工作效率、提升城市治理水平，建设信用信息化系统是一种新途径新办法，是当务之急。

（二）系统构架及功能

1.总体构架

由两个数据库、两个中心、三大模块、四个接口、多个终端应用组成。（1）两个数据库：由企业基本信息库和企业信用信息库组成，以统一社会信用代码为标准，归集、整合、分类存储各类信息，为应用与分析提供数据支撑。（2）两个中心：应用中心由信息归集、考核评价、考核服务三个模块组成。数据中心由一个大屏和多个分屏组成，展示系统所有信息内容。（3）三大模块：信息归集、考核评价、考核服务模块，构建流程完整、功能强大的操作应用系统。（4）四个接口：系统与城管业务系统、城管大数据平台、市信用信息平台、市级机关其他部门系统可实现对接。（5）多终端应用：实现 PC 端、微信、移动

App 等多终端应用。

2.主要功能

（1）数据中心：①实现三大模块产生的各类不同类型的信用信息、数据，以及与系统对接、链接的信息进行"结构化"清洗，建立信用信息、数据分析存储中心，为城管信用大数据分析提供支撑。②实现各类不同类型信息全屏式、全景式展示，做到了一库聚全部、一键知全貌、一屏知全景。

（2）信息归集模块：①实现局所属各单位-局信用办公室-市信用信息中心，信用信息传输自动化、适时化。②实现局所属各单位登录系统适时填报有关信用信息内容。③实现部分信用信息与市信用信息中心实现自动流转推送。④实现部分信息与局城管官网连结，能够在网上查询或公示。

（3）考核评价模块：①实现对渣土运输、环卫、清洗、生活废弃物处置、生活垃圾缴纳等企业进行信用月、年度考核评价。②实现各类信用评价结果、数据分析自动化、可视化。③实现各类信用评价信息、数据自动流转至信息归集报送系统中对应的信息池。④实现对城管各业务领域信用情况监测、预警和信用大数据分析、决策服务。

（4）考核服务模块：①实现对各单位信用工作报送情况自动进行月、年度统计考核，能够适时察看各单位报送情况。②实现登录系统查询查阅有关信用法规制度措施。③实现信用工作信息的动态管理；④实现与市信用信息中心联合惩戒系统对接，能够获取城管监管服务的市场主体的信用信息情况，便于实施联合奖惩。⑤实现与"信用中国""信用江苏""信用南京"连结，便于查询信息。

（5）四个接口：①系统与城管各业务系统及城管大数据平台对接，实现数据互通。②系统与市信息平台对接，实现数据共享和自动化上报。③系统与市信用终端接口对接，将城管信用信息查询、审查报告打印等便民服务接入到全市的 50 套自助终端。④系统与市级其他部门系统对接，实现信息互联互通、共享共用，实现联合监管、联合奖惩。

3．创新之点

（1）系统整体设计在城管业界领先。

打造一体化、流程化、自动化，全领域、全流程、全功能，聚约、智能、高效，兼顾应用系统与门户网站功能于一体、行业行政监管与信用监管深度融合于一身的信用体系平台，实现自动信用汇集、考核、评价、预警、分析和分级监管、联合奖惩，使之成为城市治理的"倍增器"。

该系统引接环卫、市容、固管、清洗等 8 大类 11 个领域行政监管信息，利用建立的信用考核评价标准体系，系统每月进行信息自动汇集、考核、评价、公示、预警和分析；每年度自动进行信用等级考核、评定。考核评价结果返回各业务监管系统，以此加强定向精准分级分类监管，不断提升诚信优质企业的占比率。同时对每月、每年信用评定情况进行分析研判，对重点失信领域、失信企业进行动态监控、预警、告知和有针对性地监管，为城管治理起到辅助决策作用。

（2）城管信用评价体系在城管业界领先。

在城管领域无上位法的情况下，该

体系完成了城管 7 个主要领域信用考核、评价和分级监管的规范性制度文件，为城管信用考核评价起到了基础性、决定性、支撑性作用，在城管业界具有先导、示范和引领作用。

（3）系统功能全面、强大在城管业界领先。

①信息化程度高。实现各类信息在各单位（所属单位 - 局信用办公室 - 市信息中心）、各系统（各业务系统、智慧城管及大数据）之间无缝隙传输自动化、适时化、便捷化。

②信息共享度高。系统对外三个通道：与市城管官网联结，公示公布相关内容；与市信用中心联惩戒系统联结，实现一体化联合奖惩；与局"智慧城管"及正在建设中的城管大数据平台联通，实现城管业类信息互联互通互享互助。

③信息容量度高。汇集城管 30 类信息、11 大类信用考核评价、分析信息和各类服务信息。

④功能性强。三大模块、26 项功能大集成，包含信用体系建设全部要素。

⑤应用性强。系统自动汇集报送信息，对 11 个领域每月每年自动信用考核、评价、预警，对信用大数据进行分析，决策服务。

⑥拓展性强：预置三个接口，与后期城管大数据对接，进一步丰富城管信用建设内容；与市级有关部门适时建立信息共享、联合信用监管、奖惩；与市信用信息中心预置接口，逐年增加向市报送信息的内容。

⑦可视性强：各类信息进行分层、分级、分权限浏览，能够实现一键知全貌、一屏知全部。

拍摄 / 吴咏进

（4）系统嵌入城管大数据平台在城管业界领先。

正在运行的"智慧城管"平台和正在建设中的城管大数据，在全国城管业界独领风骚。信用信息化系统作为其中一个子系统，嵌入其中，与城管各领域各业务实现信息互联互通互享互助，一体化、智能化、综合性、交融性强。业务上与行政监管深度融合，系统上与行政监管系统相辅相成，形成一体化闭合的链式监管体系。

三、系统一期运行效果评估与运维前景分析

目前，该系统一期工程已基本建成并展开试运行。系统应用中心三大模块已研发完成，开始上数据试运行；数据中心已完成首屏和部分分屏，可以进行全景式展示和部分信息展示；对外对接工作部分已完成。从系统开发情况和专家初审来看，其基本构架及其功能基本满足最初设计规范和要求，体现出了系统的前瞻性、特色性、先进性和创新性。

系统上线试运行以来，通过模拟数据、信息和真实数据、信息测试，总体达到预期效果和目的。信息归集模块，基本能够满足 11 个城管领域、29 类信息数据的自动归集和报送，每类信息填报模板符合要求且能够实现适时调整、改动，满足自主性、适时性、便捷性要求。考核评价模块，环卫、户外广告、渣土、清洗四个领域的信用评价标准分类设置、条目清晰，灵活性、操作性较强，对失信等级能够区别红、黄、蓝、黑进行信用预警，能够实现对监管企业的月度考评和年度自动信用评级，以及月、年度信用情况图表、曲线分析，为领导提供决策服务。考核服务模块，工作情况能够用文字和动态画面反映各单位的信用工作动态，对各单位报送信息和登录系统情况能够用图线适时进行反映，法规查询和四个对外链接，已全面贯通，能够提供比较全面的服务，满足考核服务功能要求。数据中心，首屏基本能够做到一屏知所有，设计内容、功能全面，画面清晰、富于动感，展示性、实用性较强。系统建设一期工程于 2018 年 12 月 10 日通过专家组的初审。

系统一期建设全部完成预计在 2019 年一季度，在终审验收通过后，进入全面运行、全面运用中，将会使我局信用工作的效率倍增、信用建设的效果培增，将成为我局信用建设一张靓丽的名片。从 2019 年二季度开始，我们将展开系统二期建设的筹划、调研和设计论证工作，四季度完成构架、功能设计定型和经费申报等工作，2020 年启动并完成二期建设，最终完成全系统建设任务。

系统自调研、设计和一期工程研发、试运行以来，先后受到省、市信用办领导的高度关注和认可，市信用办领导先后 3 次来我局了解系统建设情况，并提出中肯意见建议，给予有力指导和高度评价。2018 年 9 月，在全国信用工作会议上，系统建设情况在南京市的汇报中得到展示，反响很好。

（作者系南京市城市管理局科信处调研员）

城管舆情：
城管自带流量，更需谨言慎行

文 / **刘谨**

2019 年 5 月 16 日至 2019 年 8 月 10 日，在人民网舆情监测系统中，涉及城管的相关站内信息达 349857 条，与上一统计周期相比，相关网页条数出现上升趋势，增幅达 38.46%。

通过对站点来源进行统计分析发现，在本轮统计周期内，涉及城管的新闻呈现大幅上升趋势，其中，网媒增幅最大，达 65.6%，纸媒增长 46.3%，二者呈同步增长态势，这也符合网络传播规律。此外论坛、博客平台出现一定幅度的增长。

人民网舆情监测系统站点来源数据统计结果显示，微信、今日头条网和搜狐网排名前三，其中，微信占比最高，达 244700 篇，远超今日头条网和搜狐网发布相关网页数量。由此可见，微信流量大，信息传播广，是城管舆情容易爆发的媒体平台。

人民网舆情监测系统对数据走势分析统计显示，纸媒数据相对平稳，网媒在数据走势上呈现出较大幅度的波动，其中，单日网媒最高篇数出现在 7 月 18 日，达 5840 篇，单日纸媒最高篇数出现在 5 月 29 日，为 620 篇。

在对文章进行关键词语义分析后显示，在本次统计周期内，除了城管常规工作宣传内容外，城管因自带流量，自身舆情高发。其中，"男子给狗取名'城管''协管'，被行政拘留十日""城管拒付举报奖金"成为热点，也将地方城管推上风口浪尖。对此，文章将以此为案例，同时结合广东清远的"蹲下去"执法进行分析，为舆情应对提供参考。

来源统计（单位：篇；1K=1000）

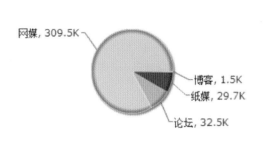

网媒，309.5K
博客，1.5K
纸媒，29.7K
论坛，32.5K

站点统计排行（单位：篇；1K=1000）

微信	今日头条网	搜狐	网易	新浪看点网	一点资讯网	一点资讯
244.7K	74.5K	57K	17K	14.2K	10.7K	9.9K

数据走势分析统计（单位：篇；1K=1000）

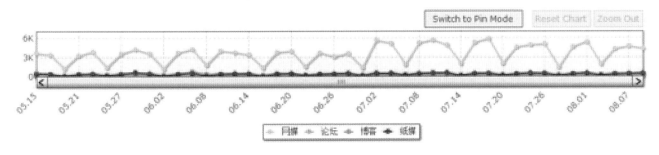

Switch to Pin Mode   Reset Chart   Zoom Out

网媒   论坛   博客   纸媒

行政处罚，需防适得其反

事件： 据《颍州晚报》5月14日报道，安徽阜阳一男子近日多次在朋友圈发布信息给狗取名"城管""协管"。5月13日，阜阳市公安局颍州分局沙河路派出所接到报警后，民警当即展开调查。该男子班某东被依法传唤至派出所。班某东，1988年，主要收入来源为养狗卖狗。他表示自己给狗取这样的名字，只是因为觉得好玩。"我不懂法，不知道这是违法的。"被传后，他对自己的行为表示非常后悔。因寻衅滋事，给予班某东行政拘留十日，已送阜阳市拘留所执行。

舆情： 此时一经媒体报道，立即引发网友热议。@澎湃网友byA7fa："协管工作很辛苦，风吹雨淋晒太阳，干得多拿得少，而且年龄都偏大，要尊重人家。"网友@幸运De小狮子："抓的好，还发朋友圈，这不是寻衅滋事罪是啥？"网友@越看越稀奇："公开这么叫，肯定是违法的。"

不过，也有网友@天阶秋色凉如水："许多人管他们的狗叫宝宝、囡囡。那我的孩子也叫宝宝，他们这样叫是不是在侮辱我的孩子，我是不是可以报警把他们都抓起来？"网友@好奇发布："原来给狗起名字起不好就是寻衅滋事！"网友@尚钢上线则认为："骂城管当然不对，骂谁都不对。但处罚当有法律依据。"

点评： 警方称对班某东进行行政处罚，不仅源于班某东为了好玩，给他的狗取名"城管""协管"，还在于其多次在朋友圈发布扩散，带有侮辱行为，从感情上来说，对国家城市管理人员造成了很大伤害。但公安机关的处罚之所以引发舆情，关键在于警方处罚的依据——《治安管理处罚法》第二十六条，以"其他寻衅滋事行为"对该男子进行行政处罚。

对此，北京市京师律师事务所律师张新年在接受《红星新闻》采访时表示，班某东给狗起名"城管""协管"虽不雅但并未违反法律的禁止性规定，公安机关认定寻衅滋事或有不当。依据《民法通则》，本案中所涉的"城管""协管"在生产实践中通常指的是一类职业，而职业按照我国现行的法律规定是没有名誉权的，且即便涉事男子在网络上对其宠物称呼"城管""协管"也不必然地会对相应"职业"产生侮辱。因此该起名行为并不涉及侵犯公民或法人的名誉权。此外，对于《治安管理处罚法》中的寻衅滋事行为应当按照《刑法》中对寻衅滋事罪的认定，将其限定在扰乱社会公共秩序的范围内。因此，即便涉事男子给狗起名"城管""协管"的行为的确不雅，涉嫌对相应职业的"冒犯"，且这种"冒犯"可能违反了公序良俗，需接受道德层面的谴责或口头警告，但此行为并不必然扰乱公共秩序涉嫌寻衅滋事。当地公安机关的处罚行为，是对《治安管理处罚法》中的"其他寻衅滋事行为"的一种不当的扩大解释。

不过，北京知名律师周兆成在《中国建设报》上表示，公安机关此举并无不当。这是因为城管在我国是负责城市管理的执法人员，他们对维持城市稳定和秩序，整顿市容市貌功不可没。协管则属于协助管理人员，虽无正式编制，但在协助行政管理部门工作上，也意义重大。对这一职业群体名称，用在自己豢养的狗等宠物上已经违背公序良俗，含有对这一类职业群体的侮辱性质。如果对班某东行为不制止，会造成极其恶劣的社会影响，对"城管""协管"职业群体造成心理打击。因此，公安机关出于公共利益的考虑，也是维护了法律的尊严，维护社会的公平正义。依据《治安管理处罚法》第二十六条规定，对其治安处罚并无不当。

由此可见，法律界人士对警方此举亦有分歧，也难免网友会吵翻天。不过，尽管这一处罚由警方出具，但因为事态的扩大，爆发网络舆情，最终会对城管群体造成负面影响，部分网友可能因此觉得城管队伍缺乏包容，加深对城管的成见。所以，城管无论是在执法还是维权过程中，除了依法办事，也要于情于理慎重考虑，然后再开展进一步工作。

二

有奖举报，
需要言而有信

事件：《澎湃新闻》2019年5月23日报道，2017年至2018年期间，柳州市民叶先生，向当地城市管理行政执法局提供车窗抛物等不文明行为视频1955条，请求城管部门按此前公布的奖励办法每条线索100元奖励，共计19万余元。柳州市城管部门认为，这些视频线索中，符合条件的只有941条。但是该局没有全部按《实施办法》予以奖励，对部分视频线索，仅同意按上班加班工资支付报酬，即按每天100元予以奖励。双方因此产生纠纷。

舆情：此事一经发生，立即引起众多媒体的关注。5月24日，《现代快报》报道《城管不兑现有奖举报是耍赖》。湖南戴先任认为，现在城管部门不兑现自己的承诺，这是自己"打脸"。作为行政执法部门，言而无信，且不对举报者解释原因，柳州城管显得"霸气侧漏"。

城管部门不兑现奖励，不仅伤害了举报人，也伤害了公众，更损害了城管部门自身形象与公信力。法治社会，所有人都要为自己的言行负责，更何况是行政执法部门，更不能让自己变成"赖账的无赖"。

东方网发表评论《城管"南门立木"岂能言而无信？》，对待市民的举报，更应该言出必行，只要经过核实是有效的举报，就应该按照奖励办法兑现奖金，一条也好，一千条也罢，都要逐一兑现。岂能因为人家举报内容多了，需要兑现的奖金数额大了，就拒绝兑现呢？两千多年前，秦国左庶长商鞅为了取信于民，南门立木，一言为重百金轻，不仅使变法顺利进行，而且赢得了千古美誉。如今，柳州城管部门出尔反尔，岂不失信于当地市民？一个部门连最起码的诚信都没有了，还如何开展工作呢？

点评：对事件进行梳理可以发现，此事之所以引起一边倒的舆情，关键在于法律缺位。其一，据中国经济网报道，柳州市城市管理委员会2015年出台的《实施办法》，已在2017年废止。其二，此后实施的新办法规定，所属各单位自行组织环卫工人收集线索，按照《劳动法》相关规定支付工资报酬。叶先生拍摄视频举报线索期间系柳南环卫所的劳务派遣工，因此，双方对于计酬方式产生了分歧，但令人费解的是，当地法院以"不属法院受理范围"驳回叶先生起诉，从而导致这起纠纷变成了没有定论的"悬案"，让围观群众对"无处说理"的当事人产生了一边倒的同情。

这件事的发生，在于一项奖励政策的出台，其初衷旨在鼓励公众监督"车窗抛物"，但政策并未细化约定奖励上限，以至于双方在政策变更后，举报人和城管部门对奖励金额产生了分歧。而法律的缺位，更让举报人占据了道德高地。城管自身及法律两道防线的缺位，最终让城管在这一轮舆情中，完全处于下风。这也提醒了其他城管部门，在制定政策时，必须全面考虑，细化每一项制度，而一旦制度出台，则必须按照制度执行。

三

"蹲下去"执法，
变管理者为服务者

事件： 近年来，广东省清远市清新区实施数字城管"天眼"24小时不间断监控、网格化巡查员实地走访巡查，推动市容市貌"大变样"。为进一步提升城市精细化管理水平，自2019年6月起，清新区城市管理和综合执法局推出了"12345"工作法，即局长落实每周至少一次不少于半天的巡查工作；副局长落实每周至少两次不少于半天的巡查工作；区城监大队教导员落实每周至少三次不少于半天的巡查工作；部门正职负责人落实每周至少四次不少于半天的巡查工作；部门副职负责人落实每周至少五次不少于半天的巡查工作。同时要求，执法人员在执行巡查执法工作中用心"蹲下去"，拉近与群众的距离，发现城市管理的细微问题。其巡查工作逐步从巡查车和步行相结合转向以步行为主，"只有通过步行，蹲下身子，才能发现细节，比如隐藏在停放的机动车底下的烟头和纸片"。

舆情： 自2019年6月以来，通过加大"一把手"巡查执法力度，城市管理问题得到逐步破解清新区城市管理和综合执法局有效解决了诚信街16号首层7号违法建筑、建设南路某便利店多次未落实市容环境卫生责任制、建设南路中央隔离带杂草丛生等"老大难"城市管理问题，并督促落实解决市政道路破损、地面保洁不及时、环卫垃圾桶清洗力度不足、占道经营、城市"牛皮癣"等问题百余宗。

点评： 城管既是城市问题的管理者，也是城市管理的服务者。在很多城市，一些城管人员习惯了挺直腰板板着面孔和商贩对话，甚至动不动就收缴物品和工具，使城管和商贩的矛盾越来越尖锐。商贩面服心不服，时常和城管玩起"躲猫猫"，成为城市管理的一道难题。"蹲下去"管理，转变的不只是形式，更是思想观念的转变，把对立、对抗变成对话，变成面对面、心贴心的交流，让被管理者觉得亲切可信，同时更能发现城市细微问题，进而及时解决问题，实现精准管理效果。

（作者系人民网舆情分析师）

城管舆情：
执法从严也要柔性执法，释放城市温度

文 / 张研

2019 年 8 月 11 日至 2019 年 11 月 11 日，在人民网舆情监测系统中，涉及城管的相关站内信息达 351835 条，与上一统计周期相比基本持平。

通过对站点来源进行统计分析发现，在本轮统计周期内，涉及城管的新闻仍以网媒为主，其他平台相对平稳。综合网站、微博和短视频平台等，在本次统计周期内，住建部近日发布《生活垃圾分类标志》新版标准、南京城管搭人梯火场救出 98 岁老人、哈尔滨城管买下占道经营老人全部红薯、武汉洪山城管"人性化的执法"、保安公司回应福州城管醉驾、环卫工用雾炮车吹行道树树叶等六起事件获较大关注。

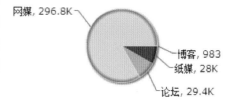

来源统计 (单位:篇;1K=1000)

网媒, 296.8K
博客, 983
纸媒, 28K
论坛, 29.4K

《生活垃圾分类标志》
新版标准发布

事件：住建部近日发布《生活垃圾分类标志》新版标准，明确生活垃圾分类标志类别构成。通过对比《生活垃圾分类标志》新版标准与 2008 版标准，最新版的生活垃圾分类标志，在适用范围、类别构成、图形符号上都进行了不少调整。生活垃圾的类别也被调整为可回收物、有害垃圾、厨余垃圾和其他垃圾 4 个大类、11 个小类。

新版标准公布后，各家媒体纷纷发文关注垃圾分类。南报网："垃圾分类新国标发布！这些都与你有关。"大众网："济南青岛泰安喜提垃圾分类重点城市！垃圾分类统一标准来了，快收好！"江苏网络广播电视台："@江西人，你手里的垃圾准备扔到哪儿？"

点评：垃圾分类实施以来各地情况大不同。目前全国 46 个垃圾分类重点城市居民小区垃圾分类覆盖率已达到 53.9%，其中上海、厦门等 14 个城市生活垃圾分类覆盖率超过 70%，237 个地级及以上城市已启动垃圾分类。住建部发布的最新标准出台，给垃圾分类提供了一份标准答案，为城市持续发展提供了支撑。把垃圾分好，不仅能产生的巨大环保和资源收益，也是利国利民的好事。但天下大事，必作于细。垃圾分类需要全社会共同参与，在实践中化解分类难题。

二

南京城管搭人梯火场救出98岁老人

事件： 据《现代快报》报道，10月29日，南京市鼓楼区一居民家失火。火灾刚发生时，在附近巡查的五名城管协管员火速救援，一人爬上窗台单手夹住老人，四人"搭人梯"接力，把老人从二楼安全送到地面。消防队员赶到现场后，又从三楼将一名被困老人背出。据悉，火灾主要烧毁家具、电器和生活用品等，未造成人员伤亡。

事件被报道后，迅速成为微博热门话题，获得@人民网 @北京青年报 @安徽消防 等多家微博转发，截至11月19日，#城管搭人梯火场救出98岁老人#微博话题阅读量达652万，讨论达1649条。

微博网友@兵哥哥爱民谣说：人人皆英雄，平凡的世界不平凡的人啊！

微博网友@尼奇窝窝 看到视频后感叹：真是太危险了！年龄这么大的老人难度增加好几倍。微博网友@脆脆猪爱吃肉 说：好样的，感谢！微博网友@乐山消防 说：为城管兄弟点赞！在点赞之余，微博网友@ZHOU周2 也表示：城管执法的工作比较受争议，希望大家多些理解，为他们点赞。

点评： 这一事件在被媒体报道后，迅速成为热点事件，关键在于城管队员徒手救援，搭"人梯"将98岁高龄的老人救出失火房屋。其实，在事件背后，网友不吝点赞，则是城管队员冒着生命危险，同时承担着救人失败的风险，勇于救人，体现了一个群体的担当精神。

三

城管人性化执法

事件一： 据《生活报》报道，哈尔滨市道里区城市管理行政执法局执法七科胡沿飞，10月11日13时在取缔建国公园附近的占道商贩时，发现一位年事已高的大娘在街边卖烤地瓜，胡沿飞没有予以强制取缔，而是用一种温情执法的方式，自掏腰包买走了大娘剩余的烤地瓜。

随后，道里区城市管理行政执法局决定，引导老人到市场摊区并免收管理费，道里区城市管理行政执法局还要与老人结成帮扶对子，解决老人在生活中遇到的实际困难。

12日，《生活报》刊发报道后，当日中午，人民日报微信公众号、新华社微信公众号、人民网微信公众号、环球网、澎湃新闻及多家同城媒体纷纷转载转发，网友纷纷"点赞"。截至11月19日，微博话题925.6万阅读，515条讨论。

网友@可乐：执法人员干得漂亮，对于这种执法还是要点赞的！网友@Sean：暖心，这才是为人民服务的样子，最美城管！网友@SE中国-Philipp Cui：这才是真正的城市管理呢！

【荐读】80岁老奶奶占道卖烤地瓜遭遇城管执法，结局暖心了...

人民日报 4天前

11日，一段颇有人情味的执法队员执法视频火了

老人占道卖烤地瓜遭遇城管执法，结果......

新华社 5天前

11日，一段颇有人情味的执法队员执法视频火了给寒冬增添了一丝暖意

事件二： 10 月 17 日，长江网报道，武汉洪山城管执法队员与商贩沟通"拉家常"，筹划为她们另寻固定经营场所，这样"人性化的执法"受到周边居民的广泛赞誉。这段温情执法的视频在抖音等网络平台上火了，获得超 77 万网友点赞。

点评： 哈尔滨城管队员胡沿飞也在严格执法和"人性化"执法之间找到了

平衡，通过自掏腰包，维护了法律尊严，也换取了老人的支持，并与老人结成帮扶，真正做到了"以人民为中心"，开展城市管理工作。

武汉大学政治与公共管理学院教授、博士生导师上官莉娜认为："我们经常说依法行政、执法从严，这是从执法依据和执法标准来说，但是执法手段是多元的，我们看到洪山区城管执法手段更趋于'人性化''弹性化'。摊主

占道经营，影响城市交通和卫生环境，在视频中我们没有看到盛气凌人的执法者，没有看到肆意妄为的权力，城管队员寓管理于服务之中，以心换心、疏堵结合，通过柔性执法赢得执法对象的认可与配合，赢得市民和网友的点赞，这是城市文明度的体现，也是城市温度的释放。"

保安公司回应福州城管醉驾

事件： 据"新京报我们视频"报道，10 月 20 日，据网友爆料称，福州台江区的城管人员酒后驾车在晋安区执法，结果被深夜抓酒驾的晋安区交警逮个正着。被查车辆的引擎盖上，贴着醒目的"城市管理执法"几个大字。该视频曝光后引发关注。10 月 22 日，福州市旗山保安公司回应福州城管外聘人员醉驾事件称，涉事者为保安人员，其私自醉酒驾车外出，撞到路边摊位车辆。

事件被报道后，迅速成为微博热门话题，截至 11 月 19 日，微博网友阅读 1327.3 万，讨论 1348 条。对于保安公司回复，网友 @AdairQiu 表示：临时工都烂大街了还用这招。网友 @ 今天的晚安呢 说：当代三大背锅侠：临时工，精神病，他还是个孩子。也有网友 @zgzjcnlxwlj 质疑：路上穿制服的都是协管员（临时聘用人员），这些人大都来自社会低层的无业人员或外包公司人员，真想不懂让这些人出来执勤不怕生乱吗？网友 @ 水至刚而无形 说：为什么我们的政府在审核外聘人员资质时如此"放得开手脚"？

点评： 在各地城管队员纷纷努力改变公众对城管的刻板印象时，福州保安人员醉驾私自外出一事无疑给城管形象抹黑，这也提醒各地城管，不仅要管好自己的队伍，也要管好外聘和临聘人员，因为公众难以区分穿制服的协管员和正式人员。

五

环卫工用雾炮车
吹行道树树叶

事件: 据看看新闻消息,11月8日,河南许昌襄城县,网友爆料疑似环卫工用除扬尘炮筒车吹路边行道树树叶。11月15日,拍客求证许昌襄城县城管局,工作人员称经过核实了解,实际是司机在操作洒水车时方向未调整好,造成误会,现在也对该司机进行了批评教育。

事件发生后引起网友热议。网友 @ 但丁2020 说:古有拔苗助长,今有吹叶协落。网友 @ 夏夜福星 表示:直接把树砍了更省事。不过也有网友支持这一做法,网友 @ 命运冠位指定之星:吹下来的不都是死叶吗?提前吹下来没什么问题吧!网友 @ 小汤姆克鲁斯认为:我觉得吹枯叶没毛病,为什么有人质疑这做法?质疑的人觉得环卫工就得等着落叶,落一片扫一片?能一次性解决的,非得要折磨环卫工,站着说话不腰疼。网友 @ 黑麋1997 则表示:其实吹没问题!可以在晚上进行吗?为路人考虑过感受吗?

点评: 无论是清扫落叶,还是雾炮除尘,其目的就是为了给市民一个干净整洁的市容环境。而用雾炮车吹路边树叶舆情的出现,则凸显了网络舆情的复杂多样。从驾驶员角度而言,只是误操作;从环卫工角度而言,或许是为一次性吹落,减轻工作量;但对部分网友而言,这是在浪费资源。所以,这也提醒城管部门,在具体作业时,要周到考虑,同时也要做好解释工作,提供更多信息,从而避免舆情发生。

(作者系人民网舆情分析师)

关于

在建工程配套用房未验线案件的处理

文 / 韩笑

案情简介

2019 年 7 月 10 日浦口区城管执法人员照常开展规划执法巡查，检查至 NO.2011G88 项目时发现建设单位提供的规划材料不能完全对应现有的建设进度，该项目的建设现场配电房 1# ~ 7 #、门卫 1 ~ 门卫 3 和社区中心共计 11 栋配套用房已基本建成，但建设单位无法提供 11 栋配套用房的规划验线合格书，执法人员依法对该公司下发《核查通知书》（宁城法浦 [2019] 901619 号），要求其在规定时间内前往浦口区城市管理综合行政执法大队接受进一步调查，并就该情况函请南京市规划局浦口分局出具认定。2019 年 7 月 12 日，南京市规划局浦口分局回函 "NO.2011G88 项目许可证号为：建字第 320111201510009 号，其中 1#~7# 变电所，门卫 1~ 门卫 3，社区中心 11 栋建筑无放验线手续，涉嫌程序性违法……" 随后，执法人员依法进行案件流程。

此案经重大案件会审决定后，执法队员对该建设单位下发《行政处罚告知书》（宁综法浦 [2019] 110030 号），告知其每栋罚款 5000 元，11 栋共计 55000 元的处罚决定，并告知处罚依据及陈述申辩权利，在其放弃陈述和申辩后下发《行政处罚决定书》（宁综法浦 [2019] 110030 号），该建设单位已于下发决定书当日罚款缴纳完毕。

案件分析

本例 "未经验线，擅自开工" 案件看似是一般的规划案件，实际上是一起典型案件，体现了法律和执法的严谨性。

一是法律的严谨性。此案的判罚依据是《江苏省城乡规划条例》第四十四条规定："取得建设工程规划许可证、乡村建设规划许可证的建设工程开工前，建设单位或者个人应当向城市、县城乡规划主管部门申请验线，城乡规划主管部门应当在五个工作日内进行验线。未经验线，不得开工。农村集体土地上的农村村民自建住房的规划验线，城乡规划主管部门可以委托乡、镇人民政府进行。" 值得注意的是此条中规定的验线指的是建设工程整个项目，即所有单体，包含工程中的配套用房如配电房、门卫、车库等，这点是建设单位、监管和执法部门都容易忽视的。

二是执法的严谨性。该案在规划执法检查中发现，体现执法人员观察入微，真正将材料和现场对照。其次就是判断不武断，虽然大部分情况现场无法提供材料一般来说就是没有，但是仍然需要专业部门认定，此环节不能省。最后就是决定的谨慎，此案最终由重大案件会审，并参照《南京市城市管理行政处罚自由裁量权基准》，因其是用于盈利性建设，且开发商明知需要验线却忽视，栋数达 11 栋之多，同时为警示配套用房也需验线，所以最终判定按最高限处罚，一栋处罚 5000 元。

案件启示

（一）法律的学习要精准，宣传要到位。

在法治化越来越完善的背景下，城市管理执法必须要更精准，不仅是为了顺应时代的潮流，也是为了增强部门的公信力、规避风险。城市管理执法所包含的"门类"较多，相对应的需要掌握的法规也多，因此法规的学习至关重要。如何做到精准全面需要不断探索，对于部门层面要多组织专业的对实际可操作法规的培训，多组织案例的研讨和优秀或典型案例的学习；对于队员层面需要不断更新和深入学习各项法规，逐条逐字钻研，结合实际，不懂就问，"打铁还需自身硬"。同时精细化宣传，大部分的单位和个人对法律的了解都是片面的，例如，执法队员在规划检查中发现有的开发商觉得配套用房可以不用验线，有的则认为建成后可以补验，本身对法律的认识有偏差，容易导致违法行为的发生，需要执法人员更详尽地普法，解释清楚而非一带而过，宣传工作做到位不仅能减少违法行为的发生，也能助推执法工作的开展。

（二）法律的执行要严格，检查要细致。

以此案为例，门卫、配电房等配套用房一般都是最后建设，且执法人员的关注点多是住宅等主体建筑，很容易忽视配套用房的检查，开发商对此也不太重视，是易产生问题的地方，这就要求执法人员的检查一定要亲临现场，看图纸看材料，不听"片面之词"，建议是对照建设工程规划许可证上的项目逐个检查，以免产生疏漏。同时及时跟踪，定期检查，做好记录，此外根据实际情况，建设单位的报验是存在时间差的，如申请验正负零方面，不可能完全准确地按照"出地表"的标准，但是最迟建筑上至二三层就应该出具结果，也存在建设单位领到验线报告书迟迟不换取最终验线合格表的情况。俗话说"细节决定成败"，无论是检查环节还是执法环节，都需要执法人员抱定"绣花"的精神去对待。

（作者单位：南京市浦口区城市管理执法大队）

一起查处无证运输建筑垃圾车辆引发的闭环式执法案件分析

文 / 许超

案件概述

2019 年 5 月 9 日 1 时 15 分，江北新区综合行政执法总队大厂中队执法人员巡查至江北大道时发现，车牌号为苏 AF***6 的重型自卸货车后箱板不洁，遂要求司机停车接受检查。经查，该车载运物为泥浆，车辆所有人为南京某基础工程有限公司（以下简称 H 运输），驾驶员现场无法提供任何准运手续。因涉嫌未经核准从事建筑垃圾运输的单位进行建筑垃圾运输，违反了《南京市市容管理条例》第二十五条第二款之规定，执法人员现场勘察和拍照取证，并向 H 运输开具了《责令改正通知书》和《实施行政强制措施决定书》。

5 月 16 日，H 运输委托驾驶员许某来中队接受调查。据许某陈述，当事人于 5 月 8 日接某水厂（以下简称 A 水厂）通知，要求安排车辆前往水厂扩建项目施工工地运输泥浆。当晚 23 时左右，当事人安排的重型自卸货车苏 AF***6 进场装载泥浆后驶离工地，准备运往顶山街道某路旁空地，行驶至江北大道时被执法人员查处，该车辆未办理建筑垃圾准运证。依据《南京市市容管理条例》第三十八条第一款第三项之规定，对照《南京城市管理行政处罚自由裁量权基准应用指导意见》第 114 条，于 6 月 12 日对 H 运输做出罚款人民币贰万元整的行政处罚决定。

根据对许某调查询问发现的线索，大厂中队对将建筑垃圾交给未经核准从事建筑垃圾运输的单位运输的责任人进行另案调查。因为相关工程在大厂中队辖区，执法人员与建设单位 A 水厂、施工单位某市市政建设集团有限责任公司（以下简称 B 市政）平时多有工作往来，遂第一时间分别约谈了两家单位的项目负责人。两家单位均表示未将建筑垃圾交给无资质运输车辆运输。

执法人员一边针对许某急于拿车的心理，引导其回忆是否有运输合同、出场单据、行车记录仪等能证明泥浆来源的材料，一边排查苏 AF***6 当晚出场行驶路线沿线监控探头。最终执法人员根据公安治安探头确认该车辆当晚确实从 A 水厂扩建项目工地驶出，同时许某提供了一份由某工程有限公司南京分公司（以下简称 C 工程）与某机械设备租赁部（个体工商户，以下简称 D 租赁）签订的《淤泥外运协议书》，约定由发包人即 C 工程配合承包人 D 租赁办理相关运输手续，并查验车辆证件，无证车辆不得进场装载泥浆。据许某陈述，5 月 8 日是由 D 租赁雇佣其所属的 H 运输重型自卸货车苏 AF***6 运输泥浆，无书面合同。

此外，执法人员调阅到施工单位 B 市政与 C 工程签订的《污泥浓缩池、综合排水池桩基分包合同》，该合同约定施工总承包单位 B 市政采取专业分包，包工包料的方式将污泥浓缩池、综合排水池桩基工程发包给施工分包单位 C 工程承建。

至此执法人员认定，C 工程作为施工分包单位，对于其承建工程所产生的泥浆最终交给未办理任何核准手续的 H 运输外运一事，显然负有责任。依据《南京市市容管理条例》第三十八条第一款第二项之规定，对照《南京城市管理行政处罚自由裁量权基准应用指导意见》第 108 条，于 6 月 14 日对 C 工程做出罚款人民币贰万元整的行政处罚决定。

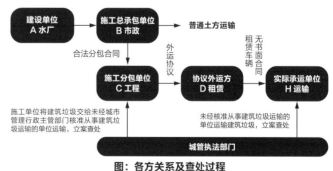

图：各方关系及查处过程

案件分析

1. 泥浆是否属于建筑垃圾，其外运是否需要行政许可？

钻孔灌注桩基的施工作业中会产生大量工程泥浆，除一定量的泥浆有利于工程的施工外，多余无利用价值的泥浆则要处理。可见，泥浆符合《城市建筑垃圾管理规定》《南京市渣土运输管理办法》等规章中关于建筑垃圾是指"施工中所产生的弃土、弃料及其他废弃物"之定义。上海、宁波等地相关法规、规章条文中更是明确泥浆属于建筑垃圾。

施工过程中处理无利用价值泥浆通常的合法方式主要有：

（1）在施工现场设置沉淀池容纳泥浆，通过自然或人工手段待泥浆脱水固化后，按照普通渣土处置方式进行外运或回填；

（2）直接使用专门运输泥浆的槽罐车辆，在办理合法准运手续后外运至合法消纳场所；

（3）通过相关处理和生产设备，以废弃泥浆为原料进行二次利用。

泥浆是一类特殊的建筑垃圾，由于其含有水分，不当处置可能会对城市排水设施和河流造成影响，不当运输易发生抛洒滴漏，污染城市环境，影响交通安全。施工过程中无论对无利用价值泥浆选择何种处置方法，只要涉及外运，均需按照相关法律、法规、规章的要求，依法取得行政许可。

2. 将建筑垃圾交给未经核准从事建筑垃圾运输的单位运输一案的违法主体是谁？

《南京市市容管理条例》第二十五条第二款规定：建设、施工或者运输单位不得将建筑垃圾交给个人或者未经城市管理（市容）行政主管部门核准从事建筑垃圾运输的单位运输。

在城市管理众多行政执法权力事项中，对建筑垃圾处置过程中违法行为的执法由于"头绪"较多，相对而言较为复杂。除了要分得清建设单位、施工单位和运输单位，搞清楚是个人违法还是单位违法外，一些大型工程体量大、工期长，建设当中组织程度高，参与主体多，相互间关系复杂，涉及各种合同协议、专业名词，给违法主体的确认带来一定困难。违法主体确认错误，则会导致错案、冤案，进而引起行政复议乃至行政诉讼，因此必须慎重。具体到本案中，执法人员执果索因，条分缕析，准确找到了"线头"之所在。

A水厂。作为工程的建设单位，在水厂扩建工程开工前已对其施工范围内的建筑垃圾外运，向城市管理行政主管部门申请办理了建筑垃圾处置手续，工地内土方运输一直在正常进行。

B市政和C工程。分别作为工程的施工总承包单位和施工分包单位，执法人员查看双方订立的合同，并约谈双方项目负责人，双方对桩基施工过程中因违反城市管理方面法律法规的后果由C工程作为施工单位承担没有异议。执法人员综合分析后认为B市政依据《建筑法》《合同法》等法律法规规定，将所承包的水厂扩建工程中涉及桩基工程的部分合法发包给C工程，C工程在泥浆外运一事上选择承运方不够专业慎重，对施工工地

出场车辆把关不严，导致使用无证车辆运输建筑垃圾进而被城管执法部门查处。因其单纯是一件城市管理方面的案件，并不涉及工程质量、劳务纠纷等较为复杂问题可能需要施工总承包单位承担连带责任，执法人员认为C工程可以作为适格的行政处罚主体。另外，鉴于C工程是分公司，是在业务、资金、人事等方面受本公司管辖而不具有法人资格的分支机构，后期可能存在执行难的情况，执法人员考虑到在案件调查过程中C工程较为配合且证据确凿，分公司也符合《行政处罚法》中对行政处罚对象的定义，因此，最终以"施工单位将建筑垃圾交给未经城市管理行政主管部门核准从事建筑垃圾运输的单位运输"这一案由对其予以行政处罚。

D租赁。个体工商户，工商营业执照核准的经营范围包含土石方工程，承揽了水厂桩基施工泥浆外运的业务，不具备自行清运的车辆，也不可能取得渣土运输单位的资质。在工程建设中，建设单位、施工单位通常会将建筑垃圾处置外运工作交由一家土石方单位承包，再由承包单位使用自家或者联系其他车辆进行运输。此时如果发现承包单位使用的从事运输的车辆未经核准，可以结合调查询问情况、相关合同证明，以"运输单位将建筑垃圾交给个人或未经城市管理行政主管部门核准从事建筑垃圾运输的单位运输"的案由，将建筑垃圾处置外运承包单位视为处罚主体。但是，在本案中执法人员考虑到个体工商户在司法实践当中是作为"自然人"的特殊

形态存在，不符合"单位"这一概念的一般定义，且仅靠H运输单方的调查询问笔录内容无法证明未经核准运输泥浆的车辆与其关系，因此不宜将D租赁视为运输单位予以行政处罚。至于C工程是否通过和D租赁之间的合同追究相关责任，则不在行政执法机关的考虑范围。

H运输。作为车牌号为苏AF***6的重型自卸货车所有人，未经核准从事建筑垃圾运输，且该企业不在城市管理部门公布核准的渣土运输企业名录之中，城管执法部门依法予以行政处罚。由于相关法规、规章对个人违法、单位违法处罚数额不一，所以在办理类似案件时，应当以车辆证照上标示的所有人为处罚主体，并注意甄别当事人所提供证照的真实性，不需要过多去考虑是否存在挂靠等关系。

案件启示

该起案件为江北新区综合行政执法总队大厂中队今年来查处的多起涉及未经核准处置建筑垃圾案件中较为典型的一起。该类案件在查办过程中通常会"拔出萝卜带出泥"，一套流程下来极为考验城管执法人员的综合素质。因此，必须发扬"钉钉子"精神，善于在学习中积累知识，从实践中增长才干，加大攻坚突破，建立长效机制，推动渣土运输环境改善并长期保持。

1. 坚持早晚巡查是管控建筑垃圾运输的基础。

由于建筑垃圾运输是动态过程，流动性大，核准运输时间多在夜间，心存侥幸的"黑车"也会刻意利用夜幕掩护违法行为，因此，坚持早晚巡查对于及时发现补齐监管漏洞、打击违法运输并清除污染极为重要，也能反映一支队伍的责任意识和业务水平。要科学规划巡查路线，织密巡查网络，有效掌握在建工地工程进度以及经核准车辆的运输信息，通过机动巡查、设卡检查、监控倒查相结合的方式有针对性地强化在建工地和回填场地周边路段、重点路口、过境车辆进出主要路口、偷倒高发地点等地的巡查。

2. 追求闭环管理是推进执法公正规范的保证。

建筑垃圾处置包含排放、运输、消纳三个环节，一旦在运输、消纳其中一个环节发现存在未经核准违法现象，通常情况下其上下游也必然存在违法处置行为。因此，在确定了一个环节的违法事实后，必须通过调查询问、查阅合同、实地勘查、监控倒查等方式进行追溯，全过程管理，闭环式执法，加大对非法处置建筑垃圾行为的打击力度，促使建筑垃圾处置链条上的每一个环节都不敢心存侥幸。城管执法部门通过办理该类案件也能切实提升执法水平，树立执法威信。

3. 善用技术手段是促使执法事半功倍的利器。

建筑垃圾管理涉及城管、建设、交警等多个部门，要加强部门之间的联动，借助好相关信息平台优势，提升管理和执法效能。运用好智慧工地监控系统，实时查看在建工地施工情况，把好工地出入口车辆进出关，有利于实现对车辆冲洗保洁、平厢装载情况的监管和倒查。借助公安、交警交通、治安探头在查找违章线索、锁定涉事车辆方面的优势，探索"非接触性执法"办案模式，就能够在无形中扩大巡查范围和时间覆盖，提高管理和执法效能。

4. 强化知识储备是分析理清责任源头的需要。

一方面劳动生产率提高和社会分工发展使社会关系日趋复杂，违法行为更加隐蔽；另一方面城市管理行政执法权力事项中涵盖的规划、市政、绿化、排水等领域专业性越来越强，这些因素给城管执法带来巨大挑战。执法人员除了要熟悉相关法律法规的内容并熟练运用外，更要强化对所办理案件相关知识的学习积累，在执法过程中掌握主动，综合运用语言艺术和询问技巧提高针对性，听得懂、吃得透、辨得清各方当事人的表述和态度，培养调查取证和分析研究能力，依靠学习和实践删繁去冗，把案件办结办精，使行政处罚相对人认错认罚、心服口服。

（作者单位：南京市江北新区综合行政执法总队大厂中队）

城管"南京经验"推向全国

● 文/编辑部综合报道

2019年11月21日至22日,住建部在南京召开全国省级城管局局长会议,全国各省、自治区、直辖市的城管局长齐聚南京交流规范文明执法及制度建设的经验。会议中一个重要的议程就

是走进南京市城管局及基层执法队伍实地观摩南京城管执法队伍规范化建设及规范文明执法成果。在参观交流过程中,住建部向全国城管系统推广南京城管经验,号召全国城管系统学习交流。

南京城管坚持"用信息化手段管控队伍,提高执法效能"的信息化建设理念,利用"精靓系统"实现城管巡查执法电子化,形成执法闭环,让队伍执法能够为市民提供更好、更快、更优的服务。南京城管的网上办案系统"自由裁量权"模块,让执法更加透明化,既优化了办案流程,更降低了廉政风险。而且南京城管部门还与市总工会合作,倡导区级大队建立心理健康教育服务站,为执法心理危机干预工作有效开展提供坚实的硬件保障。在场的各省级城管局局长也纷纷对精靓系统、自由裁量规范化、心理危机干预等这些"南京城管经验"予以肯定。

发挥志愿服务作用 为城市环境提升倾力

● 文/南京市建邺区南苑街道城市管理和公共服务科

为更好的推动城市治理工作,营造"城市治理,人人参与"的良好氛围,南京市建邺区南苑街道结合创建文明城市契机,深入小区,广泛发动,积极组织志愿者共同参与。

7月,街道共组织社区、城管、城市治理志愿者等300人次,顶着炎日深入各小区、各街巷,全面开展市容环

境整治工作,共同清理卫生死角、垃圾杂物,规范倚门出摊、非机动车停放秩序,清理乱张贴等。志愿者们用亲切客观的"现身说法"有效地说服了部分居民及店主,为城市治理工作做了良好的示范,整治过程中常会引起的冲突次数明显减少,店家和居民的接受度和配合度大大提升,甚至主动参与到小区环境

整治工作中来。城市的整洁是对城管人辛劳付出的最好回报,发展志愿者参与城市治理,不仅仅是为了协助我们共同开展城市治理,更重要的是让大家切身感受城市治理的辛劳与不易,从而引入更多的居民参与志愿者队伍,提高自我环境保护意识。

城市管理需要市民积极参与
——南京市城管开放日暨环卫工人日活动举行

● 文 / **编辑部综合报道**

2019年10月26日，南京市城管局及13个区城管局分别举办"越理解，越温暖，双手绘，靓金陵"南京市城管开放日暨环卫工人日活动，邀请市民近距离接触城管，并号召市民共同参与城市管理。

在启动仪式上，南京市城管局向优秀环卫工代表发放了慰问金感谢全市环卫工人们的付出。活动开放日当天，市民代表们参观了小型环卫机扫车辆并上车进行体验，还参观了"定时定点"集中投放智能化垃圾分类新模式，体验垃圾分类VI游戏，通过让市民参与投篮、拼图、转动幸运大转盘等趣味游戏的操作，学会辨别垃圾的类别，体会垃圾分类的趣味，从而改善日常习惯。

南京市城管局局长金安凡表示："城市管理是民生工程，需要全社会的积极参与。"南京市城管系统希望通过举办城管开放日活动，让公众与城管深度沟通，认识城管、了解城管，从而理解城管、支持城管，共同参与城市管理工作，共享城市管理成果。

推行"绿、黄、红"挂牌分级管理落实"门前三包"

● 文 / **南京市江宁开发区城市管理局**

为进一步强化城市精细化管理目标要求，优化人居环境，美化城市街景容貌，巩固江宁开发区背街小巷精细化整治成效，实施城市化管理范围内门前三包全覆盖，实现路（街巷）长制全覆盖，实现街巷精细化管理全覆盖，提高城市管理水平，提升人民群众的获得感和满意度，江宁开发区城管局推行"绿、黄、红"挂牌的分级管理模式，将园区内门前三包管理真正落实到位。

"门前三包"责任制，是深化城市文明创建的重要抓手，不仅考验着一座城市的管理水平，也是城市文明宜居程度的重要体现。"门前三包"作为城市管理发展过程中的一项重要措施，主要包括门前卫生、建（构）筑物及设施外立面、责任区内设施秩序这三个方面。

门前三包要求对责任单位强化自我管理的同时推行"绿、黄、红"挂牌的分级管理模式。1."绿牌"：能够主动履行门前三包义务，实际管理情况良好，三个月内未被城管执法部门查处。2."黄牌"：能够达到门前三包管理标准，管理情况一般，三个月内每个月被城管执法部门查处不超过1次。3."红牌"：经常违反门前三包规定，管理情况较差，一个月内2次以上被城管执法部门查处。对连续2次被评定为"红牌"的，对其门前三包的失信行为，纳入社会征信系统，实施联合惩戒，实行城管执法巡查签到制度，根据挂牌评星的不同等级，确定不同管理标准和巡查频次。

文／马晓飞

南京六合城管渣土管理的"三字经"

说到渣土车，人们总会将它与"风驰电掣""漫天扬尘""车祸"等负能量词汇连在一起。因为城市管理者的职责所在，渣土车便又与城管结了"缘"。南京市六合区以城管牵头，各部门参与，成立了渣土联席办，经过多方调研，制订规则，念好"心""实""严"三字经，并结合电子科技，用画家作画的专注、克难奋进的精神，由点及面统筹协调管理渣土，向广大市民递交美丽城市建设的"画卷"。

一、服务前置，用"心"管理

1. 沟通是执法的保障。做渣土生意的人，人们大都会与"活闹鬼""黑社会"连在一起，早先暴力抗法的事也确实常有发生。"他们也是社会人，只要我们用心做事，以诚相待就没有办不好的事！"六合城管渣土中队孙金接管渣土管理工作后就这么琢磨着。"处罚不是目的，所有行政处罚都是为了维护社会秩序，保障广大老百姓的利益。行政处罚是提醒，是警告，是教训！"这是他在渣土运输企业管理人员座谈会上对参加会议的运输企业负责人说的。为了维护渣土运输秩序，抑制扬尘，保障蓝天，保护我们的生活环境，六合区渣土联席办由城管牵头，定期召开渣土企业管理人员座谈会，除了对他们宣传渣土

管理相关的法律法规外，也给被管理方一个诉说的平台，解疑释惑，站在平等的角度，为严格执法顺利进行提供无理由前置。同时，为了保障行车安全，六合城管联合区交警大队定期开展渣土车从业驾驶员安全教育会，通过血淋淋的交通事故案例，给渣土运输驾驶员作提醒；开展驾驶员安全行车培训；联合市渣协组织我区渣土车驾驶员从业资格证考试；出台六合区渣土运输企业信用评价办法，进一步规范六合区渣土运输管理秩序。

2. 疏导是管理的"特效药"。一是设置渣土调剂场。渣土乱倒乱弃是城市管理的老大难，不仅影响城市环境，还会造成扬尘污染，查处起来也类同于刑侦案件，投入人力多，整改时间长。早在2010年，六合城管就换位思考，站在对方的角度考虑问题。经多方努力，创先设置渣土调剂场，积极协调渣土供需，大大减少了渣土乱倒乱弃违章现象的发生。二是首创错时拖运，统筹渣土运输。随着城市化进程的加快，各种政策的利好，带来的是六合区大大小小的工地如雨后春笋般地涌现，渣土运输也呈现前所未有的"欣欣向荣"。六合城管统筹规划全区在建工地，根据各工地的周边交通情况、施工级别、有无夜间施工许可等，首创"错时拖运"，避免了工地蜂拥拖运给交通带来的压力，也

很好地解决了拖运线路重合带来的责任路段保洁问题的扯皮。这一举措也得到了同行的一致认可。

3. 关爱是执法的附加分。为了改善渣土运输企业给市民群众带来的不良形象，六合城管与渣土运输企业沟通，引导他们关注公益事业，关心社会弱势群体，用反哺社会的善举改变人们对渣土运输行业的印象，这一想法得到各家运输企业的一致赞同。通过区慈善总会、亚开慈善基金和区教育工会牵线搭桥，深入六合区特殊教育学校实地调研，在了解到特校的实际情况后，渣土运输企业决定联合捐赠10万元，定向用于该校的爱心洗车房建设和运营。这一善举意在帮助特校孩子掌握生存技能、适应社会、融入社会，同时也解决了特殊教育学校职高学生实习实训的困难，并且提供免费洗车服务。一举多得的牵线，让渣土运输企业感受到了城市管理者的用心，也更愿意配合城市管理者维护城市秩序。

二、多管齐下，落"实"管理

1. 管好"两点一线"。"两点一线"就是建设工地出土点、工程渣土弃置点以及出土点到弃置点的线路。六合城管狠抓渣土运输的源头管理，不仅在出土点、弃置点规范设置冲洗平台，还安装了监控探头，实时监控，发现问题及时与工地方、运输方对接，确保出土点及弃置点的出入口车辆冲洗到位；确保车身、车轮干净整洁；确保车辆平箱装载。

2. 多部门齐抓共管。一是按照权属分工。按属地化管理原则，进一步落实各街镇渣土管理责任，定期召开街镇渣土管理工作会议。各街镇成立渣土管理工作小组，落实专门的管理人员，对区域范围内的施工工地和渣土运输实行网格化管理，充分调动各街镇网格员的力量，发现问题及时通报。创建街镇渣土管理微信群，利用智慧平台监控，发现问题第一时间抓拍截图到相应的街镇管理群，形成平台与人工的联动。二是各

部门间的联动。调整理顺区各相关部门渣土管理职责职能，建立资源优化、优势互补、政令畅通、行动高效的管理机制，强化联勤联动保障机制，切实提升渣土管理工作效能跟水平。区住建、环保、城管、公安、交运等部门按照市、区相关要求，分别牵头建立施工现场、扬尘管理、弃置场地和道路交通的行业执法和督查体系。各牵头单位明确协同部门和单位的职责分工，建立联席会议、信息通报、工作考核等相关制度，加强联合执法和工作督查。三是"点""面"结合，形成管理网络。让各街镇渣土管理工作小组在区渣联办的统筹规划下联动起来发挥作用，使临近的各个属地点联动起来，相互配合，联动成面。

3. 科技引领智慧平台。大力推进科技智慧平台的建设，借助"六合智慧工地综合管理"平台、车载GPS设备等数字化网络传感器，让渣土管理工作进入到"互联网+"时代，实现了对渣土运输实时、全程的动态监管。执法人员

通过视频监控，可以第一时间发现工地出入口道路泥泞、渣土车密闭不严、车身不洁等违章行为，立即安排执法人员前去查处。对部分工地"五达标一公示"未落实就实施渣土外运的行为，执法人员开具《责令改正通知书》，约谈工地负责人，对工地进行停运整改。所有的工地、土场出入口、重要的交通路段的视频监控系统全覆盖。让全区所有的渣土运输活动都呈现在智慧平台监管大屏面上。

差、不断强化渣土运输管理工作，路面抛撒滴漏的少了，乱倒乱弃的少了，呼啸而驰的渣土车少了，暴力抗法的少了，而与之相对应的蓝天白云多了。保持联动管理常态化、长效化，渣土管理高标准、严要求。"只要念好'三字经'，做足真功夫，渣土管理并不难！"六合城管如是说。

（作者系南京市六合区城市管理局局长）

三、违法必究，以"严"管理

2018 年，六合城管按照上级部门管控时间的节点，结合"南京历史文化名城博览会""世界羽毛球锦标赛""中高考""省优秀管理城市创建""国家公祭日""文明城市创建""大气环境管控"等大型活动保障任务，认真落实区级主战职能，加强街镇属地化管理工作，先后组织开展了"渣土整治月""城市创优整治月""国家公祭日整治月""中央环保督查回头看期间渣土运输专项整治行动"等多项市区街集中联合整治行动，严厉查处了渣土运输各类违规行为。2018年六合城管共开展各类整治 68 次，出动执法人员 1500 人次，执法车 350台次，过检渣土车 1800 台次，查处违规车辆 94 辆，其中查扣"黑车"12 起，违规处置工地 3 起，清理污染 120 起2000 平米，罚款共计 33.74 万元。通过这些集中整治行动，持续提升了六合区渣土管理精细化水平，进一步规范了渣土运输行业秩序，有效改善了城市市容环境。

党的十九大以来，六合城管对标找

让城市更美好 1+1公众参与

文／陈维超

公众参与就是让市民代表来参与城市管理工作。政府部门借助公众参与手段创新了城市管理工作模式，且将知情权、参与权和监督权还给市民群众，从而真正实现了对城市市容环境的共治共管。

一、公众参与让城市管理难题得以破解

城市管理关系千家万户，从环境卫生清理到垃圾分类，从市容秩序维护到城管执法，都离不开城管部门人员的辛苦付出和努力工作。曾几何时，城管执法人员管理摊贩时屡屡遭到被执法者抗法，甚至被现场个别围观者谩骂，从而使城市管理处于十分尴尬的境地。为公执法却遭受异议曾经困扰着政府部门，这显然不是一个小问题。2015年中央城市工作会议提出要统筹政府、社会、市民三大主体，提高各方推动城市发展的积极性，鼓励企业和市民通过各种方式参与城市建设、管理，真正实现城市共治共管、共建共享。会后，从中央层面出台的《关于深入推进城市执法体制改革，改进城市管理工作的实施意见》，第一次正式提出"动员公众参与（城市治理）"这一重大举措，促使大、中城市的城市管理彻底告别政府"单打独斗"状态，不能不说是一次质的飞跃，也更是适应城市发展规律的创新之举。此前，南京市自2013年3月业已实施的《南京市城市治理条例》中第二章就是"公众参与治理"，6年来，市、区、街三级全面建立健全了城市治理委员会（简称"城治委"）体制并同步聘任了一批公众委员参与日常城市治理工作。可以说，南京城管系统为全国提供了一个公众参与城市治理的最初样本。更重要的是，公众参与让普遍市民群众从被管理者走向城市管理主体方，从被动管理转向参与管理，有效增强了城市管理主体力量。

二、公众参与让城市管理合力得以铸成

公众参与城市管理可以产生1+1>2的增益效果，这里第一个"1"指的是政府，第二个"1"指的是公众委员。众所周知，管理者与被管理者之间是一对矛盾关系。那么，城市管理者任务就是化解这一矛盾，让被管理者愿意服从管理并认识到问题之所在直至纠正错误。公众参与的优势在于扩大了城市管理主体范畴，动员并使社会组织、市场中介机构和公众法人参与城市管理，形成多元主体共治、良性互动沟通的城市治理模式。不难看出，政府部门是传统主体，社会组织或公众代表是新主体，针对城市管理重难点问题，传统主体（政府城管部门）与新主体（公众代表）合力攻坚破难，一定会产生1+1>2的共治共管效果。相比之下，传统城市管理

方式方法过于简单粗放，管理主体上政府一家独大，这势必造成管理主体构成上的失衡，导致一些城管执法没有充分考虑被管理者的承受力，譬如拆除违建、街巷整治、清理占道经营和机动车停放等一系列重大城管举措没有顾及市民知情权、参与权和监督权，因而，城管部门在执法过程中难免会遭遇一定阻力甚至是暴力抗法行为，从各地来看，这一方面的负面教训还是比较深刻的。据统计，南京市所辖的100个街道（镇）自2018年开始设立基层城治委议事协调机制尤其同步聘任一大批公众委员参与城市治理以来，所有街道12319城管投诉热线所受理的总投诉数量平均下降近31%，12345市民投诉热线所受理的总投诉数量平均下降近27%。

由此可见，公众参与治理的主体力量是公众委员，公众委员在城市治理两端即政府和市民群众之间发挥着桥梁和纽带作用，政府可及时通过公众委员将城管措施办法进行宣传贯彻，同时，市民群众所提城管建议可借助一个个公众委员渠道上传到政府部门来听取吸收。不难看出，1+1公众参与机制让城市管理形成了"最大公约数"，而这一"最大公约数"铸就了南京城市管理工作的最大合力。

三、公众参与让城管改革成效得以显现

过去，某些城管执法常常被社会所诟病，什么"城管打人了""城管被打了"几乎司空见惯。如今，城管面貌已经发生了翻天覆地的变化，尤其在2017年年底全国城管系统换发统一制式服装以后，城管正在树立新形象，开启新征程。不仅如此，南京城管改革还附加、强化了一个硬件——公众参与治理，这本来亦是《南京市城市治理条例》所赋予的一项重大使命。公众参与让城管系统拉近了与广大市民的距离，让城市管理更透明，让城管决策更合理，让城管执法更文明，最终推动城市管理走向城市治理轨道。去年10月28日，"南京市城市治理法制化的创新实践"荣获"中国法制政府奖"。历经6年，探索出了一条富有成效的城市治理公众参与模式，并通过该模式共商共治城市顽疾。

公众参与是南京城管一张名片。

（作者单位：南京市玄武区城市管理局）

城管执法干部方述怀，30余载坚守生死嘱托：
如果我牺牲了，请帮我照顾好家人！

"八一"建军节前夕，溧水区城管局负责人一行来到局执法干部方述怀家中，看望慰问他和他的家人，并送上慰问金。56岁的方述怀，曾经是一名军人。30多年来，他坚守战壕中的生死承诺，年复一年、全心全意照顾牺牲战友的双亲，让烈士的父母始终有个当兵的"儿子"。

时光回溯到30多年前，1981年10月，方述怀和韦仁义等300多名溧水青年光荣参军。1984年7月，在我国边境战场上，韦仁义对方述怀说："如果我牺牲了，请你帮我照顾好家人！"战争是残酷的，1984年12月24日那天，韦仁义往阵地送饭途中，被一发敌军炮弹击中，他强忍剧疼，背着一锅米饭坚持爬行20多米，在地上拖出了一条触目惊心的血路，最终无声地闭上了眼睛……

1

"1985年我复员回到溧水后，立即与其他几位战友一起，到当时的东庐乡韦家大村看望韦仁义的家人。"方述怀回忆道，韦仁义的父母得知儿子牺牲的消息，已经"一夜白头"，老两口丢了魂失了魄，眼神里了无生气，韦仁义的小妹妹站在一边撕心裂肺地恸哭，瘦弱的身子摇摇欲坠。

当时韦仁义家的生活非常艰苦，全家只有三间土坯房，两个哥哥务农，经济收入极为有限。"老父亲早已租下村里空出来的三间牛棚，而且翻新好了，准备给韦仁义复员后成家娶媳妇，结果却没等到儿子回来，那个凄惨的场景我至今都忘不了。"方述怀说。

有一次韦母生日，方述怀早早忙完手头的事，来到东庐为老人过生日。正为老人擀制长寿面时，门外进来一位姑娘。"秀英啊，你还晓得回来啊。你把家里的事，全甩给你小方大哥干了。"韦母迎上去，从姑娘手里接过东西，嗔怪道。

这位姑娘，就是韦仁义的妹妹韦秀英。

得知到了婚嫁年龄的韦秀英没有对象后，方述怀四处托人给她介绍对象。但前前后后介绍了八九个，韦秀英都拒绝与男方见面。

"后来我急了，就劝她说，你年龄不小了，不能再拖了，误了你的婚姻大事，我没法向你牺牲的哥哥交代呀。但我每次劝导她，她都低着头，一言不发。"方述怀说。

几个月后，韦秀英表姐找到方述怀，说给方述怀介绍个对象，想让他当晚跟女方见面。

晚上见面时，方述怀看韦秀英也在场，以为她是被她表姐喊来帮他"把把关"的，就问："你怎么来了？自己的事不着急，替我操的什么心。"韦秀英听了低着头，也不吱声。一边的表姐笑了，说帮方述怀介绍的对象就是韦秀英。

1987年10月，方述怀和韦仁义的妹妹韦秀英喜结连理。从此，他把自己的父亲托付给自家哥哥照顾，而把岳父、岳母

接到自己家里居住，主动挑起了照顾牺牲战友双亲的全部责任。"韦仁义的两位哥哥务农，我和爱人都有工作，经济条件更好，由我们照顾老人应当应分。"方述怀说，他心里还有一个心愿，二老痛失当兵的儿子，自己要充当韦仁义的角色，用一辈子填补老人内心的缺憾。

韦仁义的父亲患有哮喘病，到了寒冬尤其受罪，常常连迈出家门的力气都没有。方述怀看在眼里，急在心里，四处找医问药，用了好几年时间，终于治好了老人的疾病。1997年，老人直肠癌晚期，希望叶落归根，提出来要回农村老家居住。"父亲回老家养病后，老方放心不下，下班后就骑自行车赶近9公里的路，回去照顾老人。"韦秀英说，方述怀每天早出晚归，坚持一年多时间亲自陪护在病榻前，直至老人去世。

2

30多年的风风雨雨，方述怀经历着岁月的更迭和人生角色的数度转变，但他从未淡忘过自己当初的承诺。"父亲活着时，二老在我们家和农村老家两边都住。自从父亲去世后，老方就把我母亲一直带在身边住，20多年，老太太每年只在春节时回农村老家住几天。"韦秀英说，在照顾老人方面，方述怀比

她这个当女儿的还要上心、贴心。

"爸爸是我的男神，这么多年家里做饭做菜都是他。外婆牙口不好，他就烧特别软的饭，每周还会烧软糯的红烧肉给她吃。"方述怀的女儿方诗告诉记者，有一件坚持了20多年的事，让她对父亲充满敬意。

虽然家里有两个卫生间，但方述怀的岳母晚上仍然喜欢用痰盂。"有时候爸爸在吃早饭，外婆就端着痰盂从他身边走过，再去卫生间倒。爸爸完全尊重老人的习惯，没有丝毫介意。"方诗说，外婆眼神不好，去卫生间倒痰盂，几乎每次都会在马桶圈上和地上有撒漏。20多年，方述怀没有一次提醒过岳母注意，总是等老人倒完后，自己及时走进卫生间仔细擦干净。"妈妈有时候会跟外婆拌嘴，爸爸是从来都没有红过脸，真比亲儿子还亲。"方诗说。

为了一个承诺默默坚守30余年，在旁人看来难以想象的事，在方述怀身上却显得真实而自然。他说："说好一辈子，就是一辈子。"这句话，字字千金、动人心肠。

3

"老方对战友、对亲朋有情有义，对工作兢兢业业。"区城管局局长尹照

生如是评价。他说，方述怀在城管部门工作的10多年里，无论在哪一个岗位上，都勤勤恳恳、默默付出，为溧水的城市管理工作奉献了力量。住在方述怀家附近的区城管局工作人员赵丽的体会更深，她说："老方每天早晨5点多钟就出门散步、买菜，6点多钟就到单位上班了。他从来没有因为照顾家庭而耽误工作，反而每次在防汛等城市管理应急保障时，冲在第一线。"

4

方述怀是个信守诺言的人，也是个热爱生活、热爱工作的人。2019年1月16日，96岁高龄的岳母去世，妻子因病需要长期治疗，方述怀一如既往照顾着家庭。"单位对我的工作生活都很关心照顾，给了我很多个人荣誉，也时常慰问我的家人。"方述怀说，他会继续坚守在城管工作一线，就算几年后退休，也会拿起笔和摄像机，把城管战线那些可爱可敬的先进人物和可敬可泣的先进事迹，用诗歌的语言表达出来，用摄影的艺术效果表现出来，展示城管形象，抒发城管情怀，讴歌城管精神。

（供稿单位：溧水区城市管理局）

春风十里，不如你

——记南京鼓楼"十佳执法队员"孙顺丽

在大家的印象里，城管队伍大多数都是男人，即便有"妹子"也大多做内勤。复杂的执法环境、市民的不理解以及可能存在的危险，让很多女性对这项工作望而却步。然而，在鼓楼执法一线中就有这么一位女城管——孙顺丽。自2000年进入执法大队至今，她曾在大队机动队、宁海路街道中队、湖南路街道中队、渣土中队承担一线执法工作，现担任渣土中队指导员一职。

孙顺丽从部队退伍回来以后，她选择进入了城管这个具有特殊的行业工作。对于她来说在哪里干活都是一样干，没想到一向性格比较刚硬的她在城管战线中一干就是整整二十个年头，先后被评为"十佳城管执法队员""优秀队员""优秀共产党员"鼓楼区三八红旗手。

全市首创"女子城管班"，一线执法的女性优势

2006年，孙顺丽因工作轮岗被调到湖南路街道中队。湖南路街道地处鼓楼区商贸金融繁华地带，区域面积2.62平方公里，辖区内社区单位资源丰厚，省人大、省军区政治部、司令部、市武警总队、南京大学、市机关、部队、大学、科研院所、医院、金融业遍布整个地域。这里的城市管理工作任务相当繁重、执法难度较大，偌大的区域现有的执法力量不能够满足管理上的要求，孙顺丽看到这点后主动向中队请缨要求到一线充当一份执法力量。多一个人就是多一份力量，从来不服输的她也用自己的工作经历告诉了身边所有的人，城管工作不只是男同志所能干，女同志同样能够干得更出色。"三百六十五行，行行出状元"，她相信不管什么工作岗位，只要敢于付出、忠于职守，都能够在平凡的工作岗位上创造出自己的一番天地，她也用实际行动印证了这句话。

2008年，为了喜迎北京奥运会的举办，全区上下围绕城市管理开展了"三项整治"和"奋战100天"整治活动，湖南路街道决定在这个时候成立一个"女子城管班"，让孙顺丽来担任班长，带领六名女性协管员，主要负责对辖区内青岛路片区的市容市貌管理和违章建筑的拆除工作。"拉满弓上好弦"，就这样一支由七名女子组织的城管班每天定时定点出现在片区的各个角落，通过女性在一线执法的优势，妥善化解在执法过程中出现的一些矛盾，维护片区的稳定和和谐。

市儿童医院门口有一个绰号叫"二喜"的占道经营盒饭摊主，在此处长期占道经营。因为每次都和执法人员打游击，也摸清了执法规律，往往是执法人员来了他就走，执法人员走了他就再回头。于是，孙顺丽和她的"娘子军们"准备对他进行宣传教育，用拉家常、死看硬守的方式来攻下这个"钉子户"。为了每次不让"二喜"打时间差，女子班们轮流回去吃饭，就是不让"二喜"把摊点摆下来，时间一长"二喜"也吃不消了，开始主动和孙顺丽套近乎，本想试试看能不能让"娘子军们"睁只眼闭只眼："大家都混口饭吃，何必叫个真，可是没想到反过来却是被孙顺丽继续"洗脑"。终于耗不过孙顺丽的"二喜"有一天对她说："我在外面混了这么长时间，还没有向几个人低头，你可算上一户。"就这样"二喜"再也不来儿童医院这边摆摊卖盒饭了。

巾帼不让须眉，渣土执法又是全市唯一

说起渣土执法，外界人一听直摇头，说这行业不好干。既危险又要上夜班，一个女同志干不了。然而2014年11月，因工作需要组织将孙顺丽调任到渣土中队担任中队指导员，这也是在全市渣土执法管理工作中唯一一名从事一线执法的女同志。

没有来得及多想的她，坚决服从组织的安排，通过一段时间的摸索，她

发现这并没有像外界人所说的一样可怕吓人。恰恰相反，正因为她是女同志，渣土车老板也感到是个新鲜事，看到她来反倒没啥脾气了。每当夜间她带队参加渣土运输整治，发现违规违法行为是绝不手软，而渣土老板们看到她也是躲着走。人说"冬练三九夏练三伏"，她在冬天最冷的凌晨1点钟蹲守在工地门前，就为了给案件一个有力的证明；夏天在最热的时候她带领班组的同志站在地表接近五十多度的工地内，就为了扣押一辆偷运渣土的黑车。这一切都是为了调查渣土违规运输的案件能有实实在在的证据。

十八大、十九大召开以来，作为一名党员领导干部的她认真贯彻落实习近平总书记的重要讲话和指示精神，全心全意践行为人民服务的宗旨，想办法提高行政执法水平和效能，充分利用自媒体和网络平台的搭建功能，通过为中队创建了企业服务平台、发布倡议书、建立党群联络关系网、开展企业大走访等多种形式来促进渣土运输长效化的管理。

2017年，她带领支部党员在张家圩小区进行了"党民共建小区环境，共同治理美好家园"为主题的党员大走访活动。通过此项活动，小区居民有了爱护环境的意识，主动与渣土中队进行共同治理渣土运输中的违规违法行为，只要发现有偷倒的迹象就会主动打电话与中队联系。2017年5月的一个晚上，张家圩小区门卫打来电话，反映在位于小区的院落内，一个偷倒的面包车给他们堵了个正着，希望执法人员赶紧到现场。接到举报后，正在值班的孙顺丽和同事们立即赶往偷倒现场，到达现场后发现七八个小区的居民正团团围住一辆面包车，面包车的驾驶员正在极力地向小区的居民解释着："我不是来偷倒的，垃圾临时堆在这，明早就一起拉走。"在现场，孙顺丽和同事们打开面包车门发现车内还有大部分袋装的建筑垃圾没来得及卸完。面对这些建筑垃圾，驾驶员郝某终于承认了自己的错误，答应配合执法工作将车辆扣押接受处理，同时也答应第二天将偷倒的垃圾找正规的五小工程车辆清理完，还给居民一个干净的小区。这一件在执法人员眼里看似普通的工作，在居民的眼里则是应当鼓掌叫好、为民办事实的好事。

"女城管"熬成"女汉子"，微笑背后的辛酸

自从到了渣土中队后，孙顺丽在工作中从一开始摸着石头过河到现场能够娴熟应对各种突发事件，她付出了比同龄人更多的辛苦和泪水。她说，能够在城管一线岗位上一干这么多年，背后给她精神支撑的是她的家人。为了能够得到家人的理解和支持安心工作，她没少在家人面前传递城管这个职业的崇高性。当然家人也有不理解、闹情绪的时候。

那是孩子正值中考，她的爱人就对她说："整天就知道在单位瞎忙个不停，家里也不知道照顾，孩子的学习也不知道多问问。"其实说

到这里孙顺丽心中是愧疚的，孩子从出生到现在她确实没有做到一个母亲应尽的职责。三岁的时候为了工作把孩子她送到了公婆家；上学的时候她把孩子送到辅导老师家一待两个月；孩子生病的时候她把孩子交给了爸妈……但她从来没有向组织提过困难，总是咬咬牙自己给自己一个说服的理由——过了这关就会好了。每当组织和同事们对她的工作认可时，对于她来说一切的辛苦和辛酸都是值得的，也只有在这个时候她会拿这份认可和肯定与家人一起分享自己的喜悦，渐渐地家人也看到了她对城管这份职业的热爱与执着。

像孙顺丽这样的城管执法人员如漫天繁星默默闪烁，他们选择了这个职业，就选择了忠诚，就选择了无悔。"像绣花一样精细管理城市"，一座城市的管理水平，关乎市民的获得感、幸福感与安全感。城管执法在提高执法公信力的同时，也收获了市民更高的满意度。

（供稿单位：南京市鼓楼区城市管理局）

南京汤山城管中队的
破茧化蝶

文 / **胡磊**

行走在汤山，一座座现代化建筑鳞次栉比、一条条大街小巷干净整洁、一排排外立面美观大气……目及之处，城市建设如火如荼，地区面貌日新月异，市民幸福感不断增强。

70年栉风沐雨、70年砥砺奋进、70年蜕蛹化蝶。城市发展每一个节点的细微变化，无不回响着汤山城管人逐梦前行的铿锵足音。"城市管理应该像绣花一样仔细"，这个伟大的时代赋予了我们更多的责任，我们也义不容辞。

破茧：突破固有印象，服务再升级

汤山城管从最开始被人所不理解的"二狗子"到现在被人熟知且尊重的城市管理者，一代代汤山城管卫士奋勇拼搏、砥砺前行，用真心、用激情守护着这座城。

2019年这个时间点特殊且重要，汤山城市治理综合执法中队在年初就制定了立足于"群众关心无小事"的工作方针，把群众放在首位。针对群众关心的非机动车停车位标识标线不清及非机动车乱停乱放的问题，中队一边安排专门队员疏导整治停车秩序，一边鼓励队员利用自身特长，放弃周末休息对非机动车停车位进行整治出新。在一个多月的时间里，仅仅七八个人就完成了1500多平方米的非机动车停车位的出新。路上的居民看到崭新的停车位，开玩笑说："如果再不好好停车的话，都不好意思了。"

像这类服务为民的事还有很多 2019 年，汤山城市治理综合执法中队计划整治 8 条背街小巷，分别是温泉路、汤峰路、鹤龄路、东峰路、林场路、汤龙路、上善路。背街小巷整治情况复杂，易产生矛盾，但在汤山城市治理综合执法中队所有队员的努力下，除汤龙路与规划冲突正在协调及上善路正在对道路两侧损坏的路牙、道板砖进行维修外，整治工作不仅没有产生一起矛盾，而且只用了五个月的时间就完成了其他所有背街小巷的整治出新。

"是我们的事要管好，不是我们的事要协助其他部门管好。"这是汤山综合行政检查执法大队副大队长戴光军同志经常挂在嘴边的一句话。正是这种广义上的城市管理服务理念，推动着汤山的城市管理工作者不断完善自己，也逐渐改变着人们心中对于城管的不好印象。

化蝶：强化自身素质，谱写城管形象新篇章

促进城市管理，队伍建设是基础，更是保证。而组成队伍的队员就成了城市管理的最小个体。过去的队员衣衫不整、吃拿卡要、执法粗暴固然有历史的原因，但更多的还是自身的懈怠。汤山城市治理综合执法中队从根源入手，制定了严格的奖惩措施，杜绝吃拿卡要，专门成立了督查分队对所有队员进行监督。

汤山城市治理综合执法中队有一位最美敬礼人，他叫赵国斌。他遇人问事先敬礼，他行政执法前先敬礼，敬礼对于他来说已经是一项习惯性的动作。曾经他是一名军人，行使着军人的使命，现在他是一名城管，他服务着城管的担当。脱下军装绿，穿上城管蓝，不同的制服，同样的忠诚；不同的职责，同样的担当。他说："我们是城市管理形象的维护者，是城市秩序畅通有序的引导者，我们敬礼是对人民群众的尊重，我们时时刻刻都在展现着汤山国家级旅游度假区的城市形象，我们一定要把它维护好。"

汤山综合行政检查执法大队副大队长戴光军同志作为一名老兵虽然已经退伍，但仍牢记军队的光荣传统与严格纪律，他以军人队列的标准来要求队员。队员们以饱满的精神、矫健的姿态、洪亮的口号进行队列训练。在训练中，队员们按照要求整齐队伍，根据口令认真完成每一个训练动作。对不合格的队员则利用空余时间单独加强训练。经过长期的队列训练，队员们养成了整齐划一、令行禁止和严格遵守纪律的习惯，提升了全体队员的外在形象，提高了综合素质和依法行政水平，为扎实开展城市管理各项工作奠定了坚实的基础。

70 年是一个更艰难也充满着机遇的开始。城管工作也不外如是。新困难、新挑战、新机遇，汤山城市治理综合执法中队也必将用新精神、新态度、新形象去克服困难，迎接挑战、把握机遇，把更美好和谐的城市传给下一个 70 年，下下个 70 年……

（作者单位：南京市江宁区城市管理综合行政执法大队）

城管"福星"的故事
——记南京高淳城管人邢精福

文/祝健

学习城管法规

处理执法案件

城管"福星"名叫邢精福，现年57岁，因其名字中有"福"字，大家亲切地叫他"福星"。他从1980年至1997年先后在南京军区空军第三总队、北京军区训练基地服役，从一名普通士兵成长为正营职领导干部，为祖国国防事业奉献了最宝贵的青春年华。1997年转业回到家乡，在高淳区城市管理综合行政执法大队工作，现负责大队考核工作，作为一名科员，一直默默无闻、工作任劳任怨。

时至今日，同事眼中的"福星"已经在城管岗位上辛勤工作了23年。23年对受人尊敬的"福星"来说，见证了城管的成长与变化，从无到有，从十几人的一支队伍（挂靠在城建局下）到如今几百人的专业化执法队伍，从百姓心中的"土匪"到如今形象大为好转的城市守护者；见证了城市从小到大，从一条主干大街到阡陌交通，从低矮瓦房到高楼林立；见证了从两条腿执法到四轮执法，从现场查处取证到电子眼全程视频取证，从纸制文书执法到网上办案流程；更见证了祖国几十年来日新月异的发展变化。

脱下"橄榄绿"，换上"城管蓝"。对待这个问题，"福星"总说："退伍不褪色，退役不退志。"在刚加入城管这支全新的队伍，进入全新的岗位后，一切都从头开始，从零做起。他短短时间内就在业务知识和执法水平上出类拔萃。白天，他冲在一线工作；晚上，他一头扎进书本学习城管法律法规。为此，他放弃仅有的单休时间，在学习法律法规之余，对辖区哪些地段易出现流动摊、哪些地段门头破损、哪些地段易倚门出摊都了如指掌。

随机应变，临危不惧。"福星"是

大队全能型执法队员，经验丰富，多次处理突发事件。新疆人因语言沟通障碍及法治思维不强，常年在路边摆设夜市流动摊点，我执法队员多次劝说无果，成为城管执法工作中的一个顽疾。特别是在一次劝说中新疆人拿出了切割羊肉的刀具冲到执法队员面前，意欲对我执法队员报复。千钧一发之际，"福星"立刻疏散执法队员，通过安抚另一位新疆人的方式使事态得到控制，没有出现人员伤亡。然后"福星"积极联系派出所，通过公安局联系新疆当地公安局，派出新疆少数民族警员来到高淳，通过新疆警员对新疆同胞的耐心沟通，对其讲解城市管理政策，解决了这一流动摊点难题，同时也避免了民族之间矛盾的产生，维护了祖国各民族间的和谐友谊。

舍小家为大家，"福星"常年从事一线工作，风里来雨里去。一次，儿子晚上急性感冒发烧，因在外执勤无法回来，老婆耽搁数小时后才背着儿子送去医院，等他下班来到医院时已是深夜。也是因为这次意外感冒就医不及时，儿子病情加重，导致神经受损，至今三十岁依旧在吃药，更无法工作，经医生鉴定为轻度精神障碍患者，妻子也早早辞掉工作陪护儿子，常有抱怨。他把时间和精力都给了工作，给了他热爱的事业，对家庭、妻子、儿子亏欠太多。也许只有谈到这个话题，一向坚强的"福星"，才会眼眶湿润。

刚正不阿，清正廉洁。在调往考核岗位后，"福星"更加拼命工作，每天早早七点就到单位，开门烧水，为大家整理签到表，开始路上一天的巡逻考核工作。曾有"福星"负责管理区域的居民为搭违建，通过关系找到他，希望能够提供便利，送来了烟酒茶叶和一笔钱。虽然那时因为儿子看病，花光了家里所有的积蓄，但他不为所动，坚决做到公平公正，不给一家违法建设让路，维护了党和政府赋予的圣神权利职责。在对新入职执法队员的监督考核中，他更像一位父亲，总是勉励、提醒大家：要穿戴整齐，要文明执法，要多思考多学习。他带动新城管队员快速成长。

在城管工作中他也获得过很多奖励证书，如先进个人、优秀共产党员荣誉证书等。"福星"为人谦和，每当评选优秀，总是让大家先评，让年轻同志先评，高尚的人格魅力让大家深深折服。

（作者单位：南京市高淳区城市管理综合行政执法大队）

从日本水环境治理
看我国河道治理

文 / **尹杰**

从 2010 年到 2015 年中国环境公告来看，我国水环境、水体情况逐渐好转，III 类水体占 72%。但是也可以看出，治理成效不是很理想，进展还比较缓慢。

我国水环境存在问题主要分河道和湖泊两个部分。

河道问题表现为：城市扩张占用泄洪设施，河道裁弯取直和渠道化使其失去蜿蜒性，河床材料硬质化、不透水，河道结构简单化、单一化，河网主干化，河湖水系连通功能丧失，地表水与地下水断链，水源功能丧失，河道自净能力减弱，生态环境功能降低，生物多样性低等多个方面。

湖泊问题表现为：河道纳污、面源污染汇集、污染物入湖，周边城镇化加速，工程建设、水土流失，滨湖土地利用格局改变、湖滨带破坏河、江和湖泊阻隔，水文改变，河道生态失衡，系统性被破坏等。

可以看出，上述问题和城市、城乡结合部、农村多元差异以及污水、垃圾、生态交互影响，形成水环境四个主要问

题，造成水环境质量差、水环境保障能力脆弱、水生态受到了严重损伤，而且环境风险和隐患开始多起来了。

这里我们看一看日本的鸭川河是如何治理的。

日本鸭川河是京都的母亲河，整治花了几十年时间。一开始，也存在污染、洪水、内涝等问题，于是日本政府决定对其开始整治。鸭川河贯穿京都全市，分上游、中游、下游，因此需要根据上、中、下游不同特点来确定不同治理方案。

上游是溪流型，主要问题是上游开发带来泥沙污染，因此上流解决办法是针对这个问题筑沙坝、限制上游开发。

中游是发达地区，居住人口较多，形成中心区，这部分污染严重。日本的东京、大阪、京都都沿河而建，20世纪70年代前没有进行很好的规划，因此需要对这条河的底泥进行疏浚、污染物去除，加强污染物管理。

下游是地上河，防汛和排涝是主要问题。因此需要扩展河道，加强行洪能力，做海绵城市设施，加强河流管道调蓄能力。

鸭川河从20世纪70年代到2008年，扩大了河断面，增加了雨水渗透的设施。日本政府在地下停车场、楼下都修了蓄水池，以便进行调蓄，也增加了一些渗透措施，雨水都渗透地下，下雨时很难看到人踩到水里的情况。

除此之外，水环境治理不是治污工程，也不是景观工程，而是综合工程，要求和人很亲近。鸭川河治理特别强调和人亲近，这样大家才会更加爱护这条河，所以整治的时候做了很多健步道、观测站、绿色回廊、亲水回廊和自行车专行道。

鸭川河治理给我们还有一点很重要的提示，那就是一定要加强监管，这也是我们最缺失的部分。水环境监管非常非常重要。日本法律非常严格，什么地方不可以停汽车、不可以停摩托车、不可以停自行车，什么地方不能放烟火，这些都有明确规定，否则一定会重罚。这值得我们借鉴。

所以说，河道的治理要考虑其基本功能，要令其具有适应能力、自平衡能力，要能长期维持良好环境，生物要有多样性、完整性、完善的繁衍能力。应当做到以下几点。

第一，遵循自然。生态系统是特定自然、地理环境下形成的，每条河都有自己的自然环境，具有独特和唯一性。河流生态修复没有统一模式和格局，而是具备自身独特之处，所以要有基本生态评估准则。我们要尊重自然、以人为本，要因地制宜、还自然本色。也就是说，要避免河道渠道化，避免过于人工景观化。

第二，科学规划。过去城建规划往往忽视水资源，缺乏水规划，于是在大城市形成很多问题。所以，城市规划中，必须强调水资源承载能力。

第三，系统地进行治理。水环境的治理是一个系统工程，所以要统筹全系统，对源头、末端加以生态修复，统筹系统的治理包括上下游、干流支流、河流岸线、水环境和水经济等的全局统筹与治理。

第四，综合整治、陆域水域兼顾，避免只重河湖不重岸线，岸上更重要。

第五，强化管理。必须进行有效的、强化的管理，避免多头治水。

第六，坚持技术创新。应该聚焦国家战略需求，结合自身特点，统筹物理、化学、生物技术，克服工程雷同化，走中国特色自主创新的水环境治理道路。

总之，水环境修复不是一天、一个月、一年就能完成的，它是一个长期的工作过程。一个受损河道，其生态修复及系统趋于稳定、平衡，需要经历一个较长的过程，经历一个渐进和持续的过程。因此，水环境治理要坚持反馈性设计原则，要实施设计、检测、管理、评估、修成与再设计，还应力求与经济发展相辅相成。

（作者单位：南京市玄武区玄武湖街道城管中心）

你不知道你就是风景

文 / 赵钱

拍摄 / **吴咏进**

　　2017 年的夏天我走出校门进入社会，也是那个夏天，我第一次开始了解城管这个职业，开始了解城市治理这份工作。转眼间两年过去了，我想对每个城管人说："荷花不知道，她就是夏天；你不知道，你就是风景。"

　　从日出到日落，你是流淌 24 时的风景。不知从何时开始，城管在大众心中的形象有了很大的改观，我想，可能是因为无论是清晨 6 点与流动摊点、非法占道经营的周旋，还是半夜 2 点与无证大货车、非法倾倒的渣土车斗争，在南京城的每一秒钟都永远充斥着城管人辛勤的身影。城管的工作老百姓看在眼里、记在心里，才有了现在市民们对城管工作越来越认同、越来越配合。老百姓对城管的理解，不仅是对所有城管人工作的认同，更是市民文明素质的提高。

　　从炎夏到寒冬，你是穿梭四季的风景。我从小就生活在南京这座城市，还记得母亲跟我说过，1995 年的时候有过一场洪水，由于当时基础设施不完善，也没有系统的防汛应急预案，很多老百姓家里都受到了不同程度的损失，当时的我仍在襁褓里，对于母亲的描述只能停留在字面上，还不明白防汛是多么的重要。经过这两年的工作，我深刻理解到，城管人在防汛工作中起到了多大的作用，从防汛预案制定到工作部署再到工作实施，都是为了努力给百姓呈现一个更宜居的环境。从前的冬日，每家都是自扫门前雪，道路的通行尤为困难，可如今，积雪不再是人们通行的阻碍，从最原始的扫帚到专业的扫雪车，城管人会为百姓扫除出行障碍。

　　从街巷到企业，你是环绕百家的风景。南京城的每条街巷都包含着人们的衣、食、住、行，络绎不绝的人群、车水马龙的集市都标志着这座城市的繁荣，想要让这座城市热闹又井然有序不是件容易的事。每天，城管人穿梭在一条条繁华的街巷，规范商铺卫生，清理违法小广告，整理非机动车乱停放，这是城管人的青春。百姓的笑容带来的是生活的色彩，城管人的夜以继日带来的是城市的色彩。垃圾分类是"新时尚"，为做好垃圾分类工作，城管人奔走于南京城的每个小区、每个企业，步步跟进，层层监督，为了江苏的"强、富、美、高"，我们一直在路上。

　　累吗？累！苦吗？苦！甘愿吗？甘愿！我相信这是所有城管人的回答，将所有泪水苦痛埋在心底，用城市的美丽绽放生命的意义。是你让这座城市如画般优美，你不知道，你就是最美的风景！

　　（作者单位：南京市雨花经济开发区市容管理部）

南京环卫作业的变迁

文 / **于倩倩**

20世纪世纪80年代末，我出生在南京一个环卫工人家庭。从小，我就听父母述说新中国成立初期至20世纪七八十年代环卫工作的情况，也亲眼见证过20世纪90年代环卫工作的艰辛，现在，正亲身经历着新时代环卫工作的发展与变化。

（一）落后的人工作业

我的父母是在1978年十八九岁的时候参加环卫工作的，至今已和南京环卫一同走过了四十年的风风雨雨。他们说：在新中国成立初期到70年代末南京的环卫工作主要靠人力，是依靠扫帚、簸箕、铁锹、粪勺、人力板车或赶骡马车的手推时代。当时的环卫工人拉着人力板车或者赶着骡马车边走边摇铃来收集垃圾，集中到中转站后再由人一锹一锹地铲入垃圾运输车的垃圾箱运走。20世纪80年代末，南京环卫淘汰了骡马车；整个90年代，垃圾都是被人力板车运至中转站，而后倒入垃圾集装箱、再吊装上垃圾运输车的。以前的垃圾集装箱是没有机械压缩功能的，靠的是几个人爬上垃圾堆，用跳踩的方式靠自身体重把垃圾压实下去。脚踩到钉子、碎玻璃等尖锐硬物或失足从车上摔落是司空见惯。老环卫们嘴里"一个簸箕一个扫帚，手推平板跑断腿"的顺口溜则完完全全印证了那个年代环卫行业的落后。

（二）发展的机械化作业

新千年开启新纪元。进入21世纪后，南京环卫大量引入环卫机械，开始

机械化运作，收集垃圾不再需要拉板车摇铃铛了，垃圾桶收集满了有转运车定时来清运，清运后也不需要再用铁锹铲装垃圾和工人爬上垃圾堆跳着踩压垃圾了。现在的压缩式垃圾清运车可以集中收集、集中压缩，将垃圾直接清运到填埋场或焚烧厂。过去，道路是靠纯人力清扫，经常风一吹过，灰尘满天飞，扫过的地方又必须从头来过，路线长效率低，顾到前顾不到后。新时代的今天，我们环卫机械化不仅仅从人力转变为机械，而且机械功能在多元化发展，并且已经开始由机械化向智能化发展，机扫车、高压清洗车、抑尘车等新一代机械车辆出现在了南京城的大街小巷。机扫车不仅能够清扫路面垃圾漂浮物，还自带喷淋以防止路面扬尘；高压清洗车不仅可以清洗路面路牙陈旧性积灰，它的单点清淤功能还可以定点处理油污、未凝结的水泥渣路面等局限性污染区域；抑尘车向半空雾状喷洒，可减少悬浮在半空的粉尘。

（三）智慧的数字信息化作业

祖国70年快速发展，随着城镇的不断扩大、城市人口的聚增以及人民群众生活水平提升对环境要求越来越高，政府的重视，投入的加大，环境卫生工作也有了日新月异的发展，完成了从原始的人力到机械功能多元化再到数字信息化的突破。今时今日，智慧型环卫精细化信息管理的创新、智能化平台以及现代信息技术设备的使用，让数据定位信息实时回传，通过信息平台屏幕，对哪里有漂浮物、哪里有污染，都能一目了然，并且能够更加及时更加高效地进行处置。所有作业车辆均安装有GPS定位系统，车辆的方位、进出场站时间、行驶轨迹，一看便知。当前的机械化、智能化设备不但减轻了环卫工人的劳动强度，而且还在很大程度上改善了其工作的环境，节约了劳动时间，提升了工作效率。

环卫，这个你身边最常见最熟悉的行业，也紧紧跟随着时代进步的车轮在前进，一直在改变，一直在突破，一直在创新。这正是，忆往昔艰苦岁月，看今朝花团锦簇，畅想明天，更上一层楼！

（作者单位：南京市玄武环境工程有限公司）

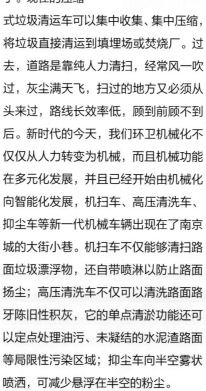

五月的风
——写给城乡美容师

文 / 方述怀

她们牵着翠生生的四月而来
橙色羽翼捡拾纷飞的梦呓
金鸡菊，在街上赶着一场雨
风，送来了五月的缤纷

我听到了，风在吟唱
或远或近
尘埃、落叶长上了脚
想上天或落地，却被她们逮个正着

万人街巷，金鸡菊的芳香
浸透了城市、乡村的容颜
清晨在流霞成彩的枝头
为红色五月增添了一片灿烂

风，吹得五月季节分明
阳光的画笔，开始为她们深度素描
我看到每个人脸上，微笑时
深藏于内心的熠熠生辉

（作者单位：南京市溧水区城市管理局）

拍摄 / **吴咏进**

平凡城管

文 / **沈子淅**

像你们这样平凡的人
不知还有多少人
烈日下蓝色的制服
穿梭于大街小巷
记得，文明执法的理念
记得，爱岗敬业的信条
记得，不厌其烦的劝说
记得，默默承受的误解
你们让城市干净明亮
你们让街道秩序井然
而我能给予你们的仅仅是
真诚的赞美，落于纸上
只因你们是平凡的城管人
像你们这样平凡的人
不知还有多少人

（作者单位：南京市建邺区城市管理综合行政执法大队）